Couverture inférieure manquante

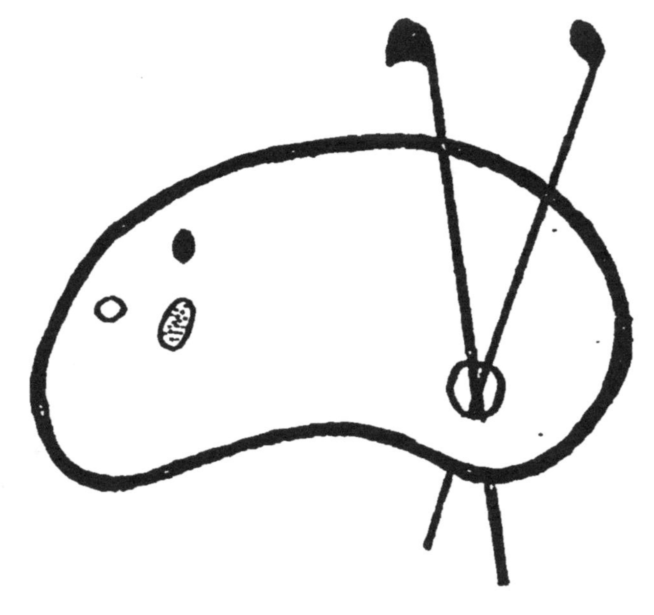

DEBUT D'UNE SERIE DE DOCUMENTS
EN COULEUR

ÉTUDE

SUR LA

GÉOGRAPHIE PHYSIQUE

DE LA

PROVENCE

Mémoire présenté le 1er janvier 1902, à la Société de Géographie de Paris

PAR

Jacques DELMAS

Agrégé de l'Université

Officier de l'Instruction publique

Membre de la Société de géographie de Marseille, des Académies de Vaucluse

du Var, etc.

MONTLUÇON

GRANDE IMPRIMERIE DU CENTRE, A. HERBIN

1902

ÉTUDE

SUR LA

GÉOGRAPHIE PHYSIQUE DE LA PROVENCE

ÉTUDE

SUR LA

GÉOGRAPHIE PHYSIQUE

DE LA

PROVENCE

Mémoire présenté le 1er janvier 1902, à la Société de Géographie de Paris

PAR

Jacques DELMAS

Agrégé de l'Université

Officier de l'Instruction publique

Membre de la Société de géographie de Marseille, des Académies de Vaucluse,
du Var, etc.

MONTLUÇON

GRANDE IMPRIMERIE DU CENTRE, A. HERBIN

1902

OUVRAGES DU MÊME AUTEUR :

Géographie du département de l'Aude. 2ᵉ édition, 1 vol. in-12 avec carte. *Marseille, Cayer,* 1867 . . 1 vol.

Rapports de la géographie et de l'histoire de la Provence. 1 gr. in-8. *Paris, Ch. Delagrave,* 1878. 1 br.

Le bassin de l'Huveaune *Marseille, Barlatier,* 1881. 1 br.

Notions générales d'Economie politique. In-12. *Paris, Paul Dupont,* 1880. . . . . 1 vol.

Libres pensées ou **Essais de littérature et de morale.** *Marseille, Moullot fils,* 1892 . . . . . 1 vol.

Histoire du lycée de Marseille. Illustr. 1 vol gr. in-8. *Marseille, impr. marseillaise,* 1898 . . . . . . 1 vol.

Histoire de Puget-Théniers. 1 vol. *Nice,* 1902. 1 vol.

SOUS PRESSE :

Histoire de Seyne-les-Alpes, avec 5 photogravures. 1 vol. gr. in-8.

EN PRÉPARATION :

La Provence, études géographiques et récits d'excursions. 1 vol.

Tiré seulement à 200 exemplaires.

En vente, au prix de **2** francs, chez l'auteur, rue de l'Abbé-de-l'Epée, 106, à Marseille.

ÉTUDE

SUR LA

GÉOGRAPHIE PHYSIQUE DE LA PROVENCE

Appliquer les principes actuels de la géographie physique à l'explication des particularités diverses d'une région naturelle de la France.

La question posée, bien qu'assez complexe, nous paraît néanmoins pouvoir être résolue d'une façon assez nette. La région naturelle que nous avons choisie pour cette démonstration, c'est la Provence.

N'est-il pas vrai que si l'on parle devant vous de la Provence, chacun se fait aussitôt l'idée d'une contrée exceptionnellement favorisée d'un soleil splendide, mais parfois implacable en été, d'un climat doux, chaud, bien que de temps à autre rafraîchi, gâté par un vent des plus violents, d'un sol en grande partie montagneux, d'une grande sécheresse avec des collines blanchâtres, poussiéreuses, mais odorantes et pittoresques, tout découpé en falaises et en calanques sur la côte baignée par la « Grande bleue »; mais à l'intérieur, sec et pauvre, tourmenté, mal peuplé à cause des torrents dévastateurs qui, ravinant les flancs des montagnes, augmentent encore l'aridité ; pays de violents contrastes, de joyeuse clarté, attirant et charmant après tout : c'est la « Gueuse parfumée ».

Pour bien saisir les causes de ces effets, il faut d'abord étudier la géographie physique de cette région naturelle, si diversifiée, d'une incontestable originalité, distincte des provinces limitrophes, tout en ayant avec elles certains caractères communs. Ce n'est pas tant en effet les coutumes, les traditions, l'histoire, le langage même des habitants qui donnent à cette région son individualité propre, que la nature du climat et du sol ; il est indéniable d'ailleurs que cette dernière exerce une réelle et visible influence sur les populations ; voilà pourquoi l'on fait, de nos jours, sans négliger entièrement l'homme, qui par son industrie modifie sans cesse et trans-

forme la nature, une plus large place à l'étude si variée et
féconde de la géographie physique.

Aussi ne s'est-on plus contenté, comme autrefois, de décrire
la surface terrestre, l'on a interrogé l'atmosphère, recherché les
raisons de la direction des montagnes et des cours d'eau, de
leurs dégradations et changements, étudié le sol jusqu'en ses
profondeurs accessibles en empruntant au géologue le résultat
de ses observations ; si bien que l'étude de la topographie d'une
contrée et de la constitution du sol et du sous-sol est devenue
la base scientifique, l'appui solide de la géographie actuelle.
Sans négliger les autres influences, nous devons donc insister
sur la nature du sol, puis sur l'étude des causes si multiples
d'ablation ou d'érosion de la surface : de la combinaison de ces
deux éléments, on peut déterminer les particularités si diverses
selon les différents pays de la région provençale.

Plus encore que la météorologie, la nature du sol et du sous-
sol peut expliquer les particularités de cette région. Il nous
paraît donc rationnel, avant d'entreprendre le détail des phénomènes qui apparaissent à la surface, de faire à grands traits
l'étude du sol ; à la lumière de celle-ci l'on saisira mieux l'importance des accidents de la surface ; il sera plus facile ensuite,
grâce aux principes exposés, de dégager et d'expliquer en détail
certains pays de cette province (haute et basse Provence, Côte
d'azur, etc.), d'indiquer les conséquences et résultats de notre
enquête, de les résumer et d'en tirer la formule dernière ou
conclusion.

Située au sud-est du plateau central primitif, notre région
semble avoir possédé depuis les périodes les plus reculées une
sorte d'autonomie très remarquable.

De bonne heure, par suite de la disposition et de la nature
du terrain, la *faune* et la *flore* la caractérisèrent. Est-il
besoin de rappeler que les naturalistes comprennent sous le
nom de faune l'ensemble des animaux vivant librement au
sein d'une contrée, en dehors de l'action de l'homme, tandis
que les végétaux croissant naturellement constituent la flore
de cette même contrée ? Ces êtres enfouis à différentes époques dans le sol, ces fossiles nous font connaître l'ancienneté
plus ou moins grande des couches de terrains ; comme les
monnaies et effigies des princes jouent dans la chronologie
historique le rôle de témoins des différents règnes.

L'écorce terrestre a éprouvé de fréquentes ruptures d'équilibre ; par suite les couches accumulées des anciens terrains
ne sont pas toujours venues se superposer régulièrement sur
celles du cycle précédent : parfois il y a concordance, parfois
discordance, quand de nouvelles couches ont dû recouvrir

horizontalement des terrains déjà inclinés. Et comme, à moins de renversement (au Bausset, à la chaîne de l'Etoile), une couche sédimentaire est plus récente que celle qu'elle recouvre, « on a pu, par les études stratigraphiques, reconstituer toute la série des *épisodes* sédimentaires, série d'ailleurs variable en chaque lieu ». Les différentes couches ou strates ne présentent pas en effet partout la même épaisseur et peuvent manquer en certains endroits ou offrir un autre caractère ou mélange. Ainsi en Provence les terrains urgonien, aptien, cénomanien, danien, sont très développés, tandis que le silurien, le dévonien, le mayencien, manquent absolument, et que pour d'autres on n'en a jusqu'ici constaté que quelques traces. L'étude de ces divers épisodes ne peut être que très variée et compliquée.

Sauf les massifs cristallins des Maures et de l'Estérel, le terrain primaire se montre sur quelques points seulement. On rencontre peu de terrains carbonifères, et les combustibles minéraux ne sont pas très variés: les gisements de houille de la vallée de Reyran dans l'Estérel, aux environs de Fréjus, sont à la limite des terrains précambrien et permien ; la houille apparaît aussi près de Toulon, au Mourillon. De Toulon à l'Estérel se trouve une bande houillère continue cachée çà et là par le trias. Cette houille est *anthracite* et l'irrégularité de sa stratification a fait abandonner les travaux d'exploitation. Les lignites ou charbons compacts sont dans le crétacé supérieur de Fuveau (fuvellien): on y trouve du jais en fragments ; on en a même trouvé aux environs du palais de Longchamp, à Marseille ; il y a aussi un peu de tourbe.

Dans les mouvements des anciens massifs, souvent se sont produites des failles très obliques, d'autres horizontales. Les glissements forment des plis anticlinaux, synclinaux, isoclinaux : on reconnaît partout des exemples de ces phénomènes de glissement. Ordinairement ces plis deviennent dissymétriques, d'où souvent les parties abruptes font face à la mer. Ce qu'on peut observer dans une contrée entière, on peut le reconnaître dans le détail d'une région. Dans nos massifs on trouve des plis en sens contraire, ou un pli anticlinal en éventail, ce sont des plis dissymétriques; il y a des plis faillés, et dans le massif de l'Olympe (mont Aurélien), comme au pied de Sainte-Victoire, une série de couches renversées : non seulement il y a eu poussée, mais le flanc normal s'est renversé : disposition extrêmement fréquente en Provence. Il n'est pas besoin d'aller loin de Marseille pour constater des exemples de ces plissements : au Bausset, les couches triasiques reposent par chevauchement sur du crétacé, on voit le dévonien chevaucher sur le terrain carbonifère : ces phénomènes peuvent dans certains cas s'étendre sur des surfaces

considérables. A la montagne de Séolane près de Barcelonnette, une fois arrivés à la cime (2910 ᵐ), on est en présence
des lumachelles du sinémurien : les couches les plus anciennes
sont dessus et les plus récentes dessous ; c'est encore une
montagne renversée, la partie inférieure d'un immense pli
couché venant de bien loin.

Aujourd'hui du reste ces plissements ne suffisent plus à
caractériser une chaine ou un groupe orographique. Pour
arriver à saisir le véritable caractère de chaque groupe régio-
nal, le docteur Böhm (Eintheilung der Ostalpen, 1887), au lieu
de se baser simplement sur la disposition des bassins hydrographiques, comme on le faisait généralement, préfère suivre
un système plus en rapport avec la composition minéralogique
et géologique des chaines, qu'avec leurs formes orographiques
ou leurs plissements. M. de Lapparent dit : que les géologues
autrichiens (Suess, Neumayr) préfèrent (au lieu des plissements réguliers brisés par des cassures transversales, par de
véritables *clucs*) créer une théorie nouvelle, qu'on pourrait
appeler la théorie des effondrements, en opposition à celle des
plissements. Pour mieux faire comprendre leur système,
MM. Suess et Neumayr comparent la croûte terrestre à une
couche de glace étalée au-dessus d'un vaste étang ; au-dessous,
quelques pilotis ou massifs de maçonnerie : ce sont ces piliers,
ces masses résistantes que les savants viennois désignent sous
le nom de *Horst*, emprunté à la langue des mineurs, et signi-
fiant : pilier, môle, pointe de rocher. Dans la nature, les
Horste sont représentés par des contrées d'ancienne consolida-
tion. Ces *Horste* constituent généralement des massifs étendus
de roches cristallines qui se sont faillés et brisés au lieu de se
plisser et de se soulever.

Prenons pour guides M. Marcel Bertrand et M. Suess, et
transportons-nous à l'ouest des Alpes Centrales. Nous voyons
qu'il s'y est produit des phénomènes orogéniques analogues à
ceux dont nous venons de parler. Le plateau central, les
Cévennes, les massifs anciens des Maures et de l'Estérel, la
Corse, etc., ont joué à l'ouest de la grande chaine des Alpes,
le rôle de repoussoirs. Ils ont forcé la chaine à se dévier
d'abord au sud, puis au sud-est, et au sud-ouest, sans en
rompre l'unité géologique. Les masses cristallines, les *Horste*
de la Provence, ont déterminé, par leur résistance, la formation d'une patte d'oie, ou plutôt d'une division multiple de la
chaine maitresse.

Le prolongement direct des Alpes Occidentales s'est
continué sans interruption par les Apennins. Mais d'autres
plissements se sont propagés à l'ouest en laissant derrière eux
les Alpes Provençales comme résultats des mêmes pressions,

Une vague de pierre est venue se briser à quatre reprises contre ces *Horste*, ces régions depuis longtemps immobiles ; et ce troisième système de plissements énergiques n'est vraiment que l'ensemble des soulèvements de la chaîne des Alpes et des massifs subordonnés. On peut admettre que, sur certains points, au lieu de simples plis anticlinaux plus ou moins serrés et froissés, il s'est produit des renversements de plis qui sont retombés sur le terrain voisin, tantôt subissant une sorte d'étirement et de laminage, tantôt se repliant plusieurs fois sur eux-mêmes. Les géologues ont admis très difficilement la possibilité de ces étranges dispositions stratigraphiques. Mais il a bien fallu se rendre enfin à l'évidence, quand on a constaté la fréquence de ces refoulements exagérés. Dans nos Alpes de Provence, comme dans toutes les Alpes, les exemples en sont nombreux. M. Marcel Bertrand en a signalé même au milieu des montagnes peu élevées de la Provence, M. le docteur Repelin, au sud du Pilon du Roi, etc. C'est donc un phénomène normal.

On sait maintenant les causes qui ont empêché le prolongement rectiligne à l'ouest de la chaîne des Alpes, pour la faire infléchir au sud en France, puis au sud-est. Il suffit de dire que c'est la résistance de la chaîne des Cévennes et du Plateau Central qui a modifié ainsi l'allure du massif alpin. Enfin au sud, c'est l'immobilité d'une autre masse de roches anciennement consolidées, les Maures et l'Esterel, qui s'est opposée au développement linéaire des Alpes Françaises et a forcé les petites Alpes Provençales à se tordre sur elles-mêmes pour dévier à l'ouest et se diriger vers le Rhône.

C'est donc en avant des groupes cristallins de la Provence que les pressions se sont exercées avec le plus de violence. Par conséquent, c'est là que M. Marcel Bertrand (Ilot triasique du vieux Beausset, Var), croit avoir découvert les débris de gigantesques plis renversés sur eux-mêmes, couchés sur le sol, à la base et en face des montagnes de la Sainte-Baume, du Gros-Cerveau, près de Toulon, et des autres montagnes qui, jusqu'au-delà de Draguignan, entourent le massif cristallin de la Provence. C'est au moyen de ces plis renversés et profondément attaqués par les érosions, que ce savant pense pouvoir expliquer les anomalies apparentes de certaines buttes triasiques qui s'élèvent isolées au milieu de la plaine du Beausset. Après tout, les plissements admis en Provence par M. Bertrand n'auraient rien de trop exagéré... (1)

---

(1) V. Etude synthétique sur les zones plissées de la Basse-Provence. par E. Fournier, 1900, Bulletin de la Soc. géol. de France, 3ᵉ série, t. XXVIII, p. 927.

Il s'est produit souvent aussi des injections de roches ignées
ou éruptives et de substances minérales ; mais dans toute la
chaîne française, il n'y a pas de roches volcaniques proprement dites ; on n'en voit que dans les massifs du Midi :
Évenos, Beaulieu. N'oublions pas de rappeler que lors de la
formation de la chaîne les deux massifs d'ancienne consolida-
tion ont joué un rôle important. Il se produisit alors des
mouvements de torsion qui provoquèrent dans les chaînes
secondaires de nombreuses cassures à travers lesquelles s'injec-
tèrent des porphyres, des mélaphyres, des porphyres quartzifères, des granulites, etc. Postérieurement à ces éruptions,
des basaltes se sont épanchés à Saint-Tropez, à Beaulieu près
de La Roque-d'Anthéron, au Beausset, à Bandol, à Évenoz
(Evns), à Sanary près Toulon, etc. Les labradorites d'Antibes,
le porphyre bleu des Romains à Agay, à l'est de Fréjus, le
piton de porphyrite verdâtre, si bien conservé au milieu de la
plaine de la Garde près Toulon, doivent aussi se rapporter à
l'époque tertiaire.

Les porphyres rouges quartzifères sont à l'état roulé dans les
grès permiens de Carqueyranne au sud-ouest d'Hyères, et ces
mêmes grès sont traversés par un gros filon de mélaphyre.
M. Marcel Bertrand rattache donc au permien supérieur et au
permien moyen ces deux roches éruptives, et à l'époque houillère la microgranulite du Plan-de-la-Tour, ainsi que diverses
porphyrites qui apparaissent en filons dans les gneiss des
Maures. Mais on ne peut encore déterminer avec précision
l'âge des granulites et des granites qui se sont épanchés au
travers des roches anciennes des Maures, à Bagnols, au Plan-
de-la-Tour, puisqu'au-dessus des gneiss il n'y a aucune roche
stratifiée qui puisse servir de point de repère, sinon des bancs
de terrain houiller voisins. Dans les Basses-Alpes les gisements
métallifères sont aussi nombreux que dans les Hautes-Alpes ;
ce sont les mêmes minerais, mais souvent on n'a pu en tirer
profit pour les mêmes raisons, les difficultés d'accès.

Les mines de lignite et les tourbières sont nombreuses dans
la région alpine. L'arrondissement de Forcalquier est le plus
riche en gisements de lignite, et, en 1887, on en a extrait
22.500 tonnes.

Sur le versant français des Alpes, les calcaires ont subi
parfois de profondes modifications et passent alors à des mar-
bres assez grossiers de diverses couleurs. Dans les Basses-
Alpes, il y en a de noirs, de blancs, de roses, de jaunes, de noirs
veinés de jaune, de gris (Beaurecueil près du Tholonet, etc.) ;
il y a aussi des serpentines, aux environs de la Chartreuse de
la Verne près la Molle (Maures) ; mais nous ne pouvons songer
à indiquer même rapidement leurs exploitations. Nous ne

pouvons pas plus signaler les nombreuses carrières de pierres de taille (clues de Barles, les Baux, Fontvieille, Bonnieux, Oppède, Cassis, etc), de beaux matériaux de construction, de gypse (les Caillols près Marseille), d'ardoises (Barles près Seyne), d'ocres (Gargas), de soufre (près d'Apt), etc., qui enrichissent notre province. Comme massif ancien, nous avons en Provence le massif des Maures : les couches alors ne présentent pas de grandes hauteurs ; tandis que dans d'autres chaines de montagnes la structure est plus complexe ; les plus récentes devront avoir de plus grandes altitudes : la tête de Paneyron (2786 m), l'Infarnet (2890 m), la grande Epervière (2889 m), le mont Pelat (3053 m), montagne crétacée, la tête de Monier (2547 m), qui surplombe le lac d'Allos, la Font-Salette (3320 m), l'aiguille de Chambeyron (3400 m), la tête de Moyse (3110 mètres) ; plus au sud, l'Enchastraye, de 2956 mètres, nœud orographique important. Plus au Midi, la Colle Saint-Michel (1822 m), la Colle Durand, les sommets de Chamatte, de Bernade, du Teillon (1894 m) ; au S.-E., le Reynier (1708 m), le Rondel, la Sambuque, la Destourbes, le Chiran (1908 m), le Mourre de Chanier, la Sarre de Montdenier (1708 m), hauteurs abruptes entre l'Asse et le Verdon ; etc. On saisit ces relations en examinant la chaine des Alpes, dont la chaine pyrénéenne n'est que le prolongement, en passant par les Maures, avec une partie submergée.

Il est admis aujourd'hui que : Au point de vue tectonique, la Provence forme le trait d'union entre les Pyrénées et les Alpes ; c'est une portion de la grande chaine alpine, telle que l'a définie E. Suess (*Das Antlitz der Erde*). Les principaux plis de cette région datent de l'éocène supérieur (ligurien) ; ils sont donc d'âge pyrénéen, et antérieurs aux Alpes ; comprimés généralement du S.-O. au N.-E. par l'énorme pression exercée du Sud-Est et venant de la dépression méditerranéenne. C'est donc d'abord dans le terrain archéen ou primitif, composé de roches cristallo-phylliennes, à structure feuilletée, que les premiers sédiments ont pu se former. Le gneiss paraît être la roche la plus ancienne : on trouve des gneiss rouges aux environs de Cannes. Au-dessus des gneiss, les micaschistes. Les roches cristallo-phylliennes présentent deux séries.

Dans un premier massif ancien se montrent aussi des types se rapportant aux roches éruptives : pétro-silex, amphibolites, pyroxénites, micaschistes, etc. Il y a des affleurements de porphyre, à travers le terrain permien, le terrain houiller ; vers le sud, ce massif s'enfonce et disparaît, à six kilomètres environ au nord de Fréjus ; même au bord de mer, au pied de l'Estérel se montrent des roches déchiquetées. Au cap Bénal, à Port-Cros, c'est encore le terrain cristallo-phyllien et le

permien. La région cristalline est lardée de filons de granulites, de serpentines, et près de Cogolin on voit de beaux affleurements de roches basaltiques, et le permien, avec des roches
rougeâtres ; si nous avançons vers le sud, c'est le granit, le
gneiss, etc. On trouve des quartz riches en galène à l'ouest de
Cogolin. « Ce bassin de Cogolin, dit Elie de Beaumont, est
pour ainsi dire à lui seul, un petit pays complet, ayant ses
montagnes primitives, ses massifs plutoniques de serpentines,
ses buttes volcaniques, son fleuve (La Molle), sa plaine d'alluvion. Séparé du reste de la Provence par les Maures, le bassin
jouit d'un climat privilégié. C'est pour ainsi dire la Provence
de la Provence, et les Arabes qui, dans les Xe et XIe siècles,
ont occupé ce canton, ont pu s'y croire en Afrique ». Au nord-
ouest de Grimaud et de la Tour on a découvert du plomb
argentifère, un gisement de carbonate de cuivre près d'Hyères.
Ce massif des Maures a été bien étudié par M. Marcel Bertrand,
qui en a dessiné des coupes.

Si nous venons à étudier le précambrien, nous verrons qu'à
la base il y a très peu de fossiles ; là d'ailleurs on remar e
des phénomènes de métamorphisme. On peut considérer es
dépôts comme franchement sédimentaires, mais ils ne portent
point de traces d'organisme, seulement des crustacés, vers,
trainées parfois bilobées. Il y a des phyllades avec intercalation
de quartzites, ainsi à Fenouillet et à la colline du château
d'Hyères. Les accidents du terrain produisent ici de charmants
paysages, ainsi la vue de la chaine des Maurettes, prise de la
plage ; du reste, on voit des colorations assez variées dans les
formations précambriennes. Les phyllades se développent au
cap Sicié et vers le nord au cap Bénat ; le sommet de la montagne des Oiseaux est formé par le terrain des quartzites : on
est encore là en présence d'un phénomène de chevauchement,
comme aux environs de Toulon, où l'on rencontre des phyllades sur le trias au tunnel de l'Eygoutier. Nous voilà ainsi
arrivés à la région du cap Sicié. Ici constatons la grande lacune
existant en Provence pour les terrains silurien et devonien.

Le *trias* débute par des grès bigarrés près de Toulon et aux
environs de Marseille. Le *ceratites nodosus* est un ammonite
caractéristique du muschelkalk de Provence, on a constaté sa
présence au pied même du Faron ; il est peu fossilifère. Pour
trouver des fossiles, il faut s'élever jusqu'au jurassique. Dès
l'époque du dépôt des terrains jurassiques, le bassin méditerranéen, bien que communiquant par le détroit vosgien avec le
bassin anglo-parisien, était soumis à des conditions particuliè-
res et possédait des animaux spéciaux. Cependant, malgré
quelques oscillations de soulèvement ou d'affaissement, plutôt
de soulèvement, la mer n'abandonna pas nos contrées un seul

instant d'une manière complète, quoique certaines époques représentées dans le bassin nord par des couches très développées n'aient laissé au Midi que des sédiments peu considérables.

On sait que le système liasique peut se diviser en cinq étages : le grès infraliasique ou étage *rhétien*, bone-bed ou lit à ossements ; enfin une autre désignation très usitée est celle de *zone à Avicula contorta*, (thèse du géologue provençal Louis Dieulafait) ; l'étage *hettangien* ou l'infralias ou lias blanc des Anglais : lias proprement dit. Le lias noir des Allemands comprend trois étages : le *sinémurien*, le *liasien* ou lias moyen et le *toarcien* (de Thouars). L'épaisseur de l'étage rhétien est plus grande que d'ordinaire dans les Basses-Alpes, où L. Dieulafait a signalé une zone à *Avicula contorta*, puissante de 20 à 25 m. et couronnée par 16 à 18 m. de calcaires compacts noirs et durs sans fossiles. Cette dernière série se retrouve dans le Var. C'est dans le massif de la Sainte-Baume que l'on recueille les meilleurs échantillons d'Avicula contorta. M de Lapparent a fait le tableau des couches du toarcien, du liasien et du sinémurien, tableau qui donne la composition du lias dans la Provence, aux environs de Digne, où les trois étages réunis atteignent l'épaisseur considérable de 700 mètres. Dans la période liasique, les lamellibranches abondent surtout en Provence : avicula gryphæa, pecten, plicatula, posidonies, etc. Pour ce qui regarde le terrain liasique, le joli port de Saint-Nazaire (Sanary), à l'ouest de Toulon, nous semble pour les géologues un ample sujet d'études. La pointe de la Cride, qui termine au sud-est la baie de Bandol, et où s'élève un fort, est une station très originale et recherchée des savants étrangers, à cause de son curieux lias moyen. Une excursion très intéressante nous a permis de reconnaitre dans cette région, vraiment classique pour les géologues du monde entier, la succession des terrains en montant de Six-Fours jusqu'à Bandol ; d'y constater à Sanary la présence de grès bigarrés reconnaissables à la texture des roches, le terrain conchylien, et parmi ses fossiles les plus typiques la *Terebratula vulgaris ;* les marnes irisées, l'infralias à Avicula contorta, le calcaire magnésien infraliasique, le lias inférieur, le lias moyen (T. punctata, T. subspheroïdalia, rhync. meridion.), le lias supérieur, le bajocien et le bathonien, au fond de la baie de Bandol ; les falaises du cap de la Cride surtout sont dignes d'attention ; à Ollioules, célèbre par ses gorges d'où s'échappe le torrent de la Rèpe, le terrain est encore plus tourmenté, on arrive aux terrains de transition, et l'on rencontre à Evenos les basaltes, produits volcaniques ; enfin, tout près de Bandol, on exploite des mines de houille.

Au-dessus de l'infralias, on trouve du lias sans fossiles ; mais il est probable qu'il existe en Provence un terrain intermédiaire dépourvu de fossiles. Puis vient le lias supérieur très fossilifère avec ses Harpocéras ; et les étages bajocien et bathonien, ordinairement calcaires marneux, entre les stations de Septèmes et de Bouc-Cabriès. Le Bathonien de la région de Chaudon a 49 m. d'épaisseur et est surtout caractérisé par les couches à Amm. tripartitus, espèce propre au bassin méditerranéen. La série se continue avec le Callovien : dans la région de Septèmes (ammonites, bélemnites), terrains marneux, calcaires lithographiques. On trouve les calcaires séquaniens dans les chaines de l'Estaque et de l'Etoile. Les nombreuses dolomies de la Nerthe représentent le jurassique supérieur, pauvre en fossiles ; mais on rencontre au vallon de la Cloche près de Marseille, des hétérodicéras, dans le calcaire à Ter. Moravica (T. Repellini) ; d'après Coquand, ce vallon contient de nombreuses nérinées.

Quoi qu'il en soit, ces derniers mouvements de terrains s'affirmèrent à la fin de l'époque jurassique ; le soulèvement du plateau central des Vosges et des Alpes, continuant avec une énergie nouvelle, sépara les deux bassins au début de la période crétacée et vint accroître davantage encore les particularités lithologiques et organiques du golfe méditerranéen, dès lors presque entièrement isolé.

Le système infracrétacé dans le sud-est de la France, présente une physionomie particulière. En Provence, aux environs de Castellane, on observe (d'après Hébert) une série de cinq couches : calcaires à criocéras, couches marneuses à bélemnites plates, marnes noires et bleuâtres, etc. La succession est la même à Barrème, où les calcaires blancs renferment une térébratule perforée et supportent les couches aptiennes sans interposition de calcaire à Requienia. Pour retrouver ce dernier horizon, il faut aller dans la basse vallée de la Durance, où le calcaire à Requienia est assez developpé aux environs d'Orgon, pour que le type de l'étage y ait été choisi ; près de là, dans le massif des Alpines, et dans celui de l'Etoile, on voit, en superposition régulière :

Au pied du Pilon du Roi, dès couches du Néocomien, du Valenginien ; au-dessus, sont les calcaires du néocomien supérieur, urgonien. La surface du sol présente des étranglements de roches grises et jaunes. Sur la côte même de Marseille, aux Catalans, on rencontre ce Néocomien ; les plus beaux gisements se voient au vallon des Escaoupré dans le massif d'Allauch. Le terrain néocomien se trouve près d'Apt. Le calcaire de Vaison est certainement un dépôt aptien. Le sommet du Ventoux (1912 ᵐ) est formé de calcaire à Requienia, au-dessus duquel viennent des couches orbitolines du facies aptien, et puis l'Albien. A un étage supérieur, en effet, le calcaire néocomien passe au calcaire à Requienia, formant la très belle pierre de Cassis. D'Orbigny prit à Orgon même le type de l'étage *urgonien* ; Matheron y trouva beaucoup de fossiles. A Orgon, l'urgonien est un calcaire avec deux couches de tests, renfermant de très nombreux foraminifères. L'urgonien de N.-D. de la Garde renferme aussi beaucoup de foraminifères. Cette roche offre de très beaux reliefs : ainsi à l'entrée du port de Cassis, à la calanque de Calelongue, en face du cap Croisette. Le calcaire urgonien se retrouve sur le versant de la Sainte-Baume, avec renversement des assises : au sommet est l'urgonien et dessous sont les couches de l'aptien. A la Bédoule, l'aptien occupe la moitié de la colline, et il est recouvert par le cénomanien.

Au-dessus de l'urgonien est le calcaire *aptien* (d'Apt), à la base duquel est du calcaire gris marneux ; au-dessus, la faune de Gargas (à 3 kil. d'Apt), le *gargasien*. Les argiles bleues de Gargas sont riches en ammonites. Les céphalopodes à tours déroulés, notamment les Ancylocéras (Crioceras) jouent un très grand rôle dans la faune aptienne ; l'aptien supérieur se prête beaucoup à la culture. Le barrémien de l'Ardèche et celui du Gard ont reçu des dénominations spéciales : on y constate un mélange de barrémien et aptien ; on trouve encore là des couches du facies provençal. Le facies spécial à l'aptien est caractérisé dans le nord de la chaîne de l'Etoile, au Plan-de-campagne, à Fondouille au nord de la région de la Nerthe, près du Brusc. Ici le terrain *albien* (de la rivière de l'Aube) ou du gault (des Anglais) souvent fait défaut, sauf peut-être aux environs de Cassis, où est le banc très intéressant des Lombards. L'île Maïré est composée presque entièrement d'Urgonien et un peu d'Aptien. Le Cénomanien se voit au cap Canaille, à l'ouest de la Bédoule. L'Albien est au-dessus de l'Aptien ; dans celui-ci il y a toujours plus d'argile que dans l'Urgonien. En Provence l'on a attribué à l'Albien des couches qu'il convient de rapporter à l'Aptien. Ces gisements du gault sont des couches riches en phosphate de chaux. Le sable vert argileux entoure des nodules de phosphate de chaux dits *coquins* « qui se présentent en couches irrégulières et ondulées de 0m18 en moyenne. Ces nodules paraissent résulter d'une concentration de phosphate de chaux autour de corps organiques en décomposition, spongiaires, bois fossiles, tests calcaires de coquilles. Le phosphate de chaux se présente sous trois états : cristallisé, c'est l'apatite ; compact avec des impuretés, ce sont les phosphorites ; sous forme de noyaux, ce sont des nodules ou des coprolithes. » On en rencontre ici, à Rustrel, près d'Apt. Dans ce terrain l'on a creusé des puits artésiens. Dans les argiles de Gargas on trouve l'*ammonites acanthoceras*.

Dans la montagne de Lure, si bien étudiée par M. Kilian, on signale l'étage Vraconien. L'on rencontre aussi dans le massif du mont Ventoux des sables avec bois silicifiés. Dans le gisement de Clans, région de Castellane, l'étage albien est formé de grès verdâtres, de calcaires siliceux et ferrugineux de 10 à 15 mètres d'épaisseur. Près de Castellane, l'Albien se trouve avec des fossiles de l'aptien, associés aux fossiles du gault. La localité d'Escragnoles renferme le gault reposant sur le Barrémien. Près de Marseille, se voit à la tranchée du chemin de fer, à l'entrée même du tunnel de la Nerthe, le calcaire à requienies, nautiles, etc. : Matheron a donné toute une liste de ces fossiles à requienies. Vers Simiane le gault disparaît et l'on arrive au Senonien ; en s'avançant vers le massif du Regagnas, plus d'aptien, on ne rencontre plus de formations aptiennes et barrémiennes. M. Collot dit que le terrain autour du château de Simiane appartient au gault à inocérames, couche spéciale ou nouvelle, qui serait cependant dans le terrain aptien. Si nous nous dirigeons au contraire vers les Martigues, nous retrouvons les couches aptiennes recouvertes, à la Gueule d'Enfer, par le Cénomanien qui repose sur les argiles. L'inocérame de la Mède appartient à l'Aptien.

Au-dessous du château de Cassis, au banc des Lombards apparaissent les puissantes assises du Cénomanien ; au-dessus, des marnes aptiennes, avec des fossiles à nodules. Sans doute les couches aptiennes ont été couvertes par de très minces couches de gault ; mais si l'on se dirige vers la Bédoule, le banc des Lombards disparaît bientôt. Au-dessus du château de Cassis, c'est le Cénomanien, et au-dessus, le Turonien formant les baous et composant le sommet du cap Canaille. En Provence, le Cénomanien a plus d'étendue que l'étage albien. L'Aptien renferme l'*ostrea sella*, et surtout les orbitolines, qui le caractérisent.

Si nous passons à la série supra-crétacée, on constate des bouleversements extraordinaires. C'est alors l'époque de l'émersion du Groënland et de tout le nord de la Chine ; c'est par une sorte de compensation de l'invasion presque universelle du Cénomanien. Pour les facies, les divers étages du secondaire, à partir de l'infralias, ont tous un facies méditerranéen, jusqu'au sénonien moyen inclus. Le crétacé tout à fait supérieur et la base du tertiaire (l'éocène) ont aussi un facies absolument spécial (facies lacustre), qu'on ne retrouve que dans les Corbières.

A l'époque *sénonienne*, la mer crétacée n'occupait plus en Provence que des régions très limitées. Les soulèvements qui, dès la fin de la période jurassique, avaient déterminé la première formation des massifs émergés devenus depuis les chaînes de la Sainte-Baume et de Sainte-Victoire, s'étaient continuées durant la période crétacée, éloignant toujours de plus en plus les rivages de la mer dont les retraits successifs sont encore de nos jours très appréciables.

Ces phénomènes constituent la première ébauche du relief actuel de la Provence. On doit reconnaître une longue suite de mouvements oscillatoires : on peut déterminer les centres de cette action. Autour des masses éruptives primitives des Maures et de l'Estérel, les terrains secondaires les plus anciens se sont échelonnés en retrait continu. Les mouvements de la fin de la période jurassique sont plus ou moins accusés. L'emplacement des chaînes actuelles de Sainte-Victoire et de la Sainte-Baume et du massif d'Allauch représente sans doute l'ensemble des points où se manifestaient les plus grands mouvements.

A l'époque de la mer sénonienne dans la basse Provence, à l'ouest de Marseille, un massif de roches néocomiennes, avec calcaires à Réquienies, dont les îles de Pomègues et de Ratonneau sont les derniers vestiges, établissait une barrière à la mer sénonienne qui a laissé quelques sédiments à Méjean. L'étude détaillée des assises sénoniennes, permet aussi bien par l'examen de la nature des roches qui les constituent, que par celui des caractères des êtres qu'elles contiennent, de déterminer les variations probables organiques et géographiques de cette région.

Le *cénomanien* de la Provence comprend cinq assises. On l'observe à la Bédoule, à Escragnolle, aux Martigues, dans le bassin d'Uchaux, à Clansayes, Bédouin, Orange, etc. C'est auprès du Bausset qu'on peut constater l'intercalation, au milieu des calcaires à *Caprina adversa*, d'une zone de calcaire un peu marneux, au-dessous de laquelle se montrent des couches saumâtres à cyclades et mélanies, appartenant au Crétacé supérieur. On sait que ce curieux terrain à chevauchement du Bausset a été savamment étudié par Marcel Bertrand. Qu'il nous soit permis d'ajouter que : « en Provence, un bau, baou, bausset, sont des hauteurs dont la base est coupée d'escarpements » ; bau de Bertagne, les Baux, le Bausset.

Le *turonien* de la Provence offre une composition assez différente, suivant qu'on l'étudie aux environs du Bausset ou dans le bassin d'Uchaux. Ici nous voyons apparaître, pour la première fois, les calcaires à Hippurites, caractéristiques du crétacé méditerranéen.

On observe dans le *campanien* du Bausset, intimement associé au dernier horizon de rudistes, un dépôt à végétaux, formé de calcaires et de grès. Ce dépôt est assez remarquable par l'analogie que ses fougères et ses conifères ont gardée avec les types des époques plus anciennes. Les dicotylédones y sont rares et il semble que l'on constate l'action d'un climat plus chaud, se traduisant par une flore moins transformée que celle des régions plus septentrionales.

La coupe complète du Crétacé fluvio-lacustre de la Provence s'obtient en combinant la série du Beausset avec celle de Fuveau et de Rognac. On a ainsi la succession suivante : Garumnien : argiles rutilantes avec conglomérats et brèches calcaires ; calcaires lacustres de Rognac ; calcaires lacustres à lignites de Fuveau, du Plan-d'Aups et du Beausset ; — Couches saumâtres ; bancs à *Ostrea aculirostris* et grosses hippurites. Au Beausset et à la Cadière, le garumnien débute par 8 à 10 m. de bancs à *Cyrena globosa*, que surmontent 50 m. de calcaires marneux, remplis de petites coquilles blanchâtres, *Melanopsis galloprovincialis*, etc. La série lignitifère de Fuveau, puissante d'environ 400 m., et dont la place a été exactement fixée par Ph. Matheron, commence à Aix par des marnes et des calcaires marneux, bitumineux, avec *Melanopsis Marticensis, M. galloprovincialis*, etc. Ces dernières assises, que l'on retrouve à la fois aux Martigues, au Plan d'Aups, aux environs de la Pomme près Gréasque, peuvent dès lors être considérées comme un horizon paléontologique nettement défini dans cette région. Au-dessus viennent les lignites, intercalés au milieu de calcaires marneux ou compacts, propres à la fabrication du ciment et de marnes argileuses rouges ou bigarrées ; dans cette série, épaisse de 200 ^{m}, on recueille *Cerithium gardanense, Unio Saportæ* etc. A Fuveau et à Gardanne, on compte 17 couches de lignite, ayant 1 ^{m} à 1 ^{m} 50. Les argiles qui les recouvrent sont très puissantes et caractérisées par les bancs de poudingues à galets calcaires jaunes et rouges qu'elles contiennent ; de ce nombre est la brèche du Tholonet. Dans les Bouches-du-Rhône, l'ensemble des couches de Fuveau et de Rognac, au-dessous des argiles rouges, a 800 ^{m} d'épaisseur. Les lignites de Piolenc, qui recouvrent en discordance les calcaires à *Hippurites organisans*, appartiendraient au même horizon que ceux de Fuveau. Ces formations d'eau douce attestent le mouvement d'émersion qui, dans le zone méditerranéenne, a caractérisé les derniers temps de la période crétacée. Les argiles rutilantes et les calcaires avec faune lacustre de Rognac se retrouvent en différents points du Languedoc. A l'époque crétacée, la région pyrénéenne faisait, avec la Provence, partie de cette zone méditerranéenne où dominaient les rudistes.

Ainsi, en Provence, le Crétacé supérieur se termine par un étage *rutilant*, superposé aux calcaires de Rognac. Au-dessus du massif de marnes rouges apparaît un calcaire dit calcaire de Langesse, que M. Matheron rapporte au début de l'éocène. Plus haut s'observent d'abord le calcaire lacustre du Cengle et de Vitrolles, puis le calcaire du Montaiguet. Au-dessus se place le calcaire compact de Cuques. Les dépôts tertiaires les plus anciens de la vallée du Rhône sont des sables siliceux avec argiles bigarrées, souvent réfractaires et de nuances très vives. L'intéressante série tertiaire des environs d'Aix, qui s'étend transgressivement sur tous les dépôts sous-jacents, débute par un conglomérat de rivage, à cailloux jurassiques ou infracrétacés, remplacé, dans le centre du bassin, par des marnes rouges avec grès (1).

La flore du gypse d'Aix, étudiée par de Saporta, atteste qu'il régnait en Provence, à cette époque, une chaleur et une sécheresse extrêmes, au point d'y suspendre la végétation pendant la seconde moitié de l'été et de dépouiller les essences forestières comme le ferait aujourd'hui le froid de l'hiver ; le niveau des eaux lacustres offrait d'ailleurs des variations comparables à celles des lacs africains. Tandis que la saison hivernale développait chêne, laurier, cinnamome, pistache, le printemps faisait fleurir les nymphæa et aralia, en attendant le calme de la saison chaude. Les mêmes conclusions résultent, d'après M. Oustalet, de l'étude des insectes, si abondants au milieu des plaquettes de la formation gypsifère d'Aix (carrière de la montée d'Avignon : empreintes d'ailes, de gouttes de pluie, etc.). Un poisson d'eau douce, surpris sans doute au milieu du lac d'Aix par des émanations méphitiques, jonche certains bancs de ses empreintes bien conservées, à côté des moucherons, des papillons, des libellules, des fourmis ailées et des abeilles. Le gypse d'Aix est recouvert par des couches à Cyrènes et à *Cyclas gibbosa*, qui le séparent des premiers sédiments miocènes.

Le système *miocène* est caractérisé, dans la région alpine, par la prédominance des roches détritiques, parmi lesquelles se font remarquer des grès, calcaires ou argileux, faciles à travailler, qui ont reçu le nom de *molasses*.

En Provence, le passage de l'éocène supérieur à l'Oligocène, se fait d'une manière continue, par des dépôts lacustres dont les flores, d'après M. de Saporta, se sont succédé de la manière suivante :

Après la flore des gypses de Gargas vient celle des marnes de Saint-Zacharie, à laquelle succède la flore de Saint-Jean-de-Garguier. Là paraît devoir s'intercaler le remarquable gisement de Céreste, dans les Basses-Alpes, où des schistes calcaréo-marneux très fissiles, renferment, avec des plumes d'oiseaux et de nombreux insectes, une riche flore. On y trouve aussi

---

(1) Voir Vasseur. *Ann. de la Fac. des Sciences* de Marseille (1900).

de nombreuses espèces de poissons. Les schistes de Céreste font partie d'une formation lignitifère développée aux environs de Volx et puissante de plus de 700 mètres. Les lignites contiennent, au-dessous des schistes à végétaux, des restes de mammifères. La flore de Céreste, qui appartient probablement au Tongrien supérieur, conduit à celle de Manosque, qui offre le type de la végétation de la période *aquitanienne*. Le lac de Manosque, dans lequel se sont formés des lignites (St-Martin de Renacas, etc.), mesurait 60 kilomètres. Des palmiers, des Sequoia, etc., d'affinités subtropicales, y mélangeaient leurs débris avec ceux des aunes, des bouleaux, des peupliers, etc., à l'ombre desquels croissaient de belles fougères. — Il convient encore de rapporter au Tongrien le calcaire marin de Barrême, et à l'Aquitanien le calcaire lacustre de la même localité. L'étage tongrien semble faire défaut dans le Haut-Comtat, où le Miocène *helvétien* repose, en général, sur les sables et argiles bigarrés éocènes. C'est à l'Aquitanien que correspondent les couches marines inférieures de Carry, près de Marseille. L'assise de Visan (Tortónien, Helvétien et Sarmatien) est épaisse de 160 à 180 m., dans le Comtat. Au pied du mont Léberon, elle contient *Helix Christoli* et est surmontée par les limons rougeâtres à *Hipparion* (Pontique). Ces limons rougeâtres qui recouvrent le versant méridional du Léberon renferment, à quatre kilomètres de Cucuron, un riche gisement de vertébrés, qui rappelle d'une manière frappante celui de Pikermi en Attique. M. Gaudry y a recueilli Machœrodus cultridens, *Dinotherium giganteum, Hipparion gracile, Sus major*, etc. (1).

Si nous pénétrons dans la région des Alpes maritimes, nous trouvons un *Pliocène* franchement marin, mais fournissant aussi de nombreuses preuves de l'énergie avec laquelle les eaux torrentielles étaient à l'œuvre à cette époque dans le voisinage immédiat des rivages. On y remarque des argiles, poudingues, calcaire moëllon de Biot, argiles jaunes de Cannes et de La Colle, argiles bleues de Biot, Vaugrenier, Fréjus, Cannes, La Garde, etc. Aux environs d'Antibes, on observe au même niveau des poudingues marins bien stratifiés, avec galets de calcaire noir nummulitique et de serpentine, et ces dépôts se relient de proche en proche à l'ancien delta du Var. Les tufs calcaires de formation ancienne sont assez abondants sur les flancs des vallées, où ils attestent la puissance des sources à l'époque quaternaire. Tous ces tufs, indices de sources Vauclusiennes, se montrent surtout dans les régions soustraites

---

(1) A. de Lapparent. *Traité de géol.*, p. 1051 et suiv.

à l'envahissement des glaciers, sur des points où habitaient alors les éléphants, et attestent l'humidité d'un climat dont les conditions étaient communes à l'Afrique septentrionale et à la Provence. A cette époque, le saule cendré se montrait à Tlemcen aussi bien qu'en Provence et en Bourgogne, et le laurier, le figuier, le gainier existaient en Algérie comme en Provence, des deux côtés de la Méditerranée.

Faisons connaître en détail la géologie d'une vallée située au centre même de la Provence, au nord du département du Var, et qui a un caractère bien provençal, la vallée de la Bresque. Bornée au nord par les montagnes de Moissac et des Espiguières (884 m.), qui continuent la ligne de faîte entre le Verdon et la rivière d'Argens, (1) par conséquent entre la Durance et la Méditerranée, au nord-est par les montagnes de Tourtour, de Bariaude (1.175 m.) et de Beau-Soleil (1.020 m.), la vallée de la Bresque est presque fermée au sud par la montagne du Serre et la barre d'Entrecasteaux.

MM. Zürcher et Marcel Bertrand ont signalé récemment la structure générale des différents massifs de la région d'Aups et de Salernes. Le terrain jurassique domine et forme une série de plis ou de dômes qui entourent des dépressions. Celles-ci sont occupées généralement par les couches bégudiennes ou rognaciennes (craie supérieure). Les cours d'eau auxquels donnent lieu les dépressions doivent donc en sortir soit en *cluse*, soit entre deux dômes. La Bresque (ou le Bresc) est dans le premier cas ; c'est la rivière la plus importante de la dépression d'Aups et de Salernes. De Montmeyan au château de Bresque, elle coule dans une dépression synclinale très ancienne occupée par une bande N.-O.-S.-E. de terrains bégudiens et rognaciens dont elle suit régulièrement l'allure. Cette bande de crétacé supérieur repose elle-même sur le jurassique, qui forme la plus grande partie du territoire de cette région. Après avoir entamé et érodé le calcaire rognacien, la rivière a trouvé à se creuser plus facilement un lit dans les grès et argiles bégudiens sous-jacents. Elle sort de cette dépression par une cluse à travers un pli du jurassique entre le château de Bresque et Sillans, et dans ce parcours elle coule sensiblement Nord-Sud. A partir de Sillans, elle pénètre de nouveau dans une dépression danienne où elle se maintient jusqu'aux environs de la Bouissière. Au sud de ce hameau elle entre encore en cluse,

---

(1) « Le mot *fleuve* est souvent attribué à tort à tout cours d'eau se jetant à la mer ; ce mot ne doit s'appliquer, en réalité, qu'aux artères dont le débit très considérable résulte de la réunion des eaux d'un grand bassin hydrographique. Une foule de rivières et de ruisseaux se jettent directement dans la mer sans être des fleuves. » (Aug. Robin, *La Terre* : L. Larousse, 1902 ; p. 18).

formant là de curieuses gorges, et traverse divers plis du jurassique. On rencontre à plusieurs reprises, entre ce point et Entrecasteaux, le Trias et les divers termes de la série jurassique inférieure et moyenne ; souvent la vallée sinueuse a été suffisamment élargie pour permettre la formation d'une petite plaine alluviale, comme dans la partie nord du coude d'Entrecasteaux. A partir de la chapelle Notre-Dame jusqu'à l'Argens, la Bresque coupe transversalement les couches peu inclinées de l'infralias, du Keuper et du Muschelkalk, et sur tout ce parcours elle a déposé des alluvions récentes qui forment une petite plaine sinueuse encaissée dans les roches jurassiques.

Les tufs se montrent en plusieurs points du cours de la rivière : aux environs de Sillans, par exemple, elle traverse des masses de tufs recouverts d'une couche d'argile ferrugineuse ; on en trouve encore aux environs de Salernes, à Villecroze et vers Entrecasteaux ; c'est à la traversée d'une de ces masses que la rivière se précipite de plus de 30 ^{m} de haut. Quant aux plissements en eux-mêmes, nous ne saurions mieux faire que de citer les conclusions de M. Zürcher : « La stratigraphie compliquée des environs de Draguignan (bassins de la Bresque, de l'Argens, etc), est l'œuvre de plissements nombreux, variant à l'infini d'amplitude et d'allure, et dont un caractère constant est une dissymétrie allant très souvent jusqu'au déversement et atteignant des proportions extraordinaires dans les cas fréquents où la partie anticlinale est complètement couchée. Ces masses, plus ou moins morcelées par les érosions, permettent d'observer les résultats curieux des efforts horizontaux considérables mis en jeu lors de leur formation. Dans les parties comprimées du pli, les couches sont souvent amincies ou supprimées et quelquefois plissées sur elles-mêmes. (La Croix-Solliès, chapelle près Salernes). Les plis qui s'étendent à l'ouest et à l'est de Fox-Amphoux, de Moissac à Aups, de Vérignon à Ampus, présentent des exemples du plus haut intérêt de ces phénomènes si remarquables de la stratigraphie provençale ».

La vallée qui se déroule à nos pieds, quoique placée à la même latitude que celle d'Aix, est plus froide que celle-ci, à cause d'une plus grande altitude. A égale distance de la chaîne de Sainte-Victoire et de la montagne de Beau-Soleil, au milieu des petites Alpes de Provence, elle jouit en somme d'une température modérée, plus froide qu'au bord de la mer, mais moins variable. On n'y remarque point les sauts brusques que l'on constate fréquemment à Marseille. Les pluies y tombent plus souvent, et les neiges aussi (6 à 8 jours à Aups et à Tourtour), puisque la région s'étend au pied même du massif montagneux des Alpes.

D'Aups à Tourtour, à mesure que l'on s'élève (de 503 ᵐ à 669 ᵐ et 640 ᵐ), le terrain que l'on foule change visiblement de nature et d'aspect. Comme à Sillans, on retrouve au nord et au nord-est d'Aups le jurassique moyen ; tandis qu'au sud d'Entrecasteaux vers le Thoronet on est dans le Muschelkalk. Dans le voisinage de la haute route d'Aups à Tourtour, apparaissent les dolomies jurassiques ; dans cette région, le Jurassique se termine par des dolomies cristallines ; entre Ampus et Aups, à l'est du château de Cresson, le faciès dolomitique envahit en entier le Bathonien. La végétation aussi a changé : les oliviers ont cédé la place aux chênes et aux pins.

Sous le rapport géologique, la vallée de l'Huveaune, aux environs de Marseille, appartient à trois espèces de terrains : triasique, Infracrétacé et Jurassique dans une partie de son cours, et tertiaire vers l'embouchure de ce petit fleuve. La chaîne de l'Estaque est comprise dans les terrains crétacé inférieur et jurassique ; à Septèmes, au nord de cette chaîne, on rencontre les étages callovien et de la grande Oolithe ; au Nord de la Nerthe, l'étage du gault (Albien). La chaîne de l'Etoile appartient au Crétacé inférieur et au Jurassique vers le centre. L'oxfordien inférieur apparaît au Regagnas et au mont Aurélien (Olympe), au sud de Trets ; on trouve à la Sainte-Baume, à Cuges, l'Oolithe inférieure ; à l'est de la Sainte-Baume, l'étage moyen du système oolithique.

Les collines qui enferment le bassin au midi, Marsiho-Veyré, cap Gros (la Tête de Puget), Carpiagne, la Gardiole, sont toutes dans le terrain calcaire crétacé (urgonien), avec traces de la grande oolithe à Saint-Cyr, vers Vaufrège. On trouve à la Bédoule les fossiles de l'étage aptien inférieur ; à Cassis, ceux des étages turonien inférieur et cénomanien supérieur et inférieur ; on reconnaît à Geménos le lias moyen ; à la Penne, l'étage aptien supérieur, à Endoume et aux Catalans, le Néocomien inférieur.

Au nord-est de Saint-Zacharie, l'Huveaune confine au terrain triasique. Le cours moyen de la rivière, de Montvert près Saint-Zacharie à Aubagne et à Néoule, traverse le Trias supérieur. Le cours inférieur est compris dans le terrain tertiaire moyen (molasse) et le terrain d'alluvion moderne. Le terrain lignitifère occupe une partie du bassin et s'étend au dessous du terrain tertiaire ; on le trouve en masses à Fuveau (fuvelien), par places à Roussargue (vallon de Vède), à la source de l'Huveaune, à Nans, au plan d'Aups. La molasse calcaire est aussi disséminée dans la partie supérieure du bassin. Les îles situées à l'ouest et au sud se rapportent aussi au terrain infracrétacé (calcaire à Chama), de même qu'Endoume et Notre-Dame de la Garde. En résumé, l'infracrétacé et surtout les argiles tertiaires dominent. La plaine est en général calcaire, caillouteuse et argilo-siliceuse ; le sous-sol composé d'une argile marneuse, jaunâtre ou rougeâtre. MM. Coquand, Ph. Matheron, L. Dieulafait, Depéret, G. Vasseur, E. Fournier ont tour à tour publié des études sur la géologie de ce bassin.

Toutes les époques géologiques sont donc représentées dans la région, mais on peut y distinguer six couches principales de terrains: jurassique au nord, tertiaire à l'ouest, quaternaire le le long de la Durance, infracrétacé au centre, du cap Croisette à la Roya ; plus près de la mer, sur une moindre étendue, triasique, permien et cristallin. Quelques points, au centre et au sud, appartiennent au terrain jurassique, d'autres au terrain cristallin, et même aux terrains éruptifs. D'abord apparurent les granites et les roches cristallines des terrains primaires avec les roches éruptives des Maures et de l'Estérel (porphyre, granites, diorites orbiculaires). A l'époque de la mer liasique, le sud-est seulement de la basse Provence se trouva émergé ; et sauf à l'ouest, le terrain de la Provence fut entièrement émergé au commencement de la période tertiaire ; le relief actuel de nos montagnes se dessinait.

La direction des eaux est déterminée par celle des montagnes ; sauf le cours supérieur de la Durance et du Verdon, et le Var inférieur, elles courent presque parallèlement à la côte méridionale. Les cours d'eau provençaux comprennent deux groupes tournés vers deux directions diamétralement opposées: les uns (Durance, Asse, Verdon, Calavon, Touloubre, Arc, Huveaune), de l'est à l'ouest ; les autres (Gapeau, Molle, Argens, haut Var) de l'ouest à l'est.

Encaissée, à son origine, entre de hautes montagnes, la Durance, rivière trop rapide pour être navigable, n'est, malgré ses 380 kilomètres de cours, qu'un torrent gigantesque, capricieux et dévastateur (1). Les rochers, les sables qu'elle entraîne, la rapidité de son cours, ses changements soudains la rendent impropre à la navigation, nous ne disons pas à l'irrigation. Il n'y a pas d'aspect plus désolé que celui de son large lit, sans bords arrêtés, partout semé de rocs énormes et d'une grève aride, ou coupé d'îles sans fin. La Durance, qui prend sa source au Mont-Genèvre, reçoit à gauche : le Guil, de 52 kilomètres, qui prend sa source dans les Alpes près de la Traversette ; l'Ubaye, grossie de l'Ubayette, de l'Enchastraye ; la Blanche, de 30 kilomètres, qui a sa principale source au pied de Roche-

---

(1) « A partir d'un certain degré de pente, un cours d'eau devient *torrentiel*, c'est ce qui se produit au delà d'une pente de 2/1000. La Durance, dont la pente est égale à ce chiffre, est encore classée comme rivière *tranquille*. » (Aug. Robin, loc. cit., p. 49).

Close (2713 m), dans la Grande-Montagne, et après avoir arrosé Seyne, reçoit nom significatif de Rabious dans son cours inférieur : la Bléone grossie de la Besse ou du Bès, et qui arrose Digne ; l'Asse descendue de Senez et de Barrême ; le Verdon, qui a sa source au nord-ouest d'Allos, et coulant parallèlement aux Alpes de Provence, arrose Allos, Colmars, Castellane, Quinson (curieux barrage), Gréoulx dans une vallée élargie, reçoit le Jabron, l'Artuby descendu de la Chains et le Valat.

Les affluents de droite de la Durance sont : le Clairet ou la Clarée, dont le volume d'eau est plus considérable, qui est la vraie Durance, et qui, descendue du mont Tabor, forme une belle cascade dans la vallée de Névache ; la Guizanne, descendue aussi du Tabor ; la Coulade ; la Blache, qui descend de Chorges ; la Vence ; la rivière de Valserre ; la Banne, qui passe à Gap ; la Déoule, qui arrose Barcillonnette ; le Buech, grossi de l'Aiguebelle, de la Malaize du Meauge, et arrosant Veynes, Serres, Laragne ; la Laye, la Lèze, le Caulon ou Calavan, rivière descendue de la montagne de Lure (1827 m.), arrosant Apt et ayant un cours de 40 kil.; et la Duransolle unie au canal de Crillon. Son affluent, le Verdon, au moyen d'un canal récemment construit, envoie ses eaux bienfaisantes à Aix. La Durance alimente de son côté les canaux de Marseille, de Craponne et des Alpines, et se jette dans le Rhône entre Avignon et Tarascon. Le canal de la Durance à Marseille, de 160 kilomètres, est supporté par plusieurs aqueducs et notamment par celui de Roquefavour, haut de 83 mètres, construit par l'ingénieur de Montricher. D'après I. Guérin (1829), « la Durance, sur une longueur de 60 lieues, a 646 toises de pente ; la pente moyenne est d'environ onze toises par lieue ». Cette terrible rivière torrentielle, passe d'un débit de 30 mètres à l'étiage à celui de 3000 mètres cubes : son débit est donc très variable. D'après les mesures barométriques prises (en 1829) par le docteur I. Guérin, « la Durance, à sa jonction avec la Guizanne, est à 624 toises d'alt.; à Vitrolles, à 250 t.; à Sisteron, à 238 t.; à Mirabaud, à 117 t.; au pont de Bon-Pas, à 20 t. 1 p.; à son confluent avec le Rhône, à 6 t. 4 p. ». L'on a dit qu'elle est un des trois fléaux de la Provence : il est vrai que, si la Durance ne rend aucun service à la navigation, elle est précieusement utilisée par l'agriculture. « Grâce à ses eaux, les campagnes de la vallée inférieure, autrefois entièrement stériles, sont admirablement fertilisées. Et l'on peut ajouter que l'irrigation est le grand rôle de cette rivière ». Le cours entier de la Durance est une véritable frontière naturelle au nord-ouest ; cette barrière isole la Provence et contribue à lui conserver son originalité propre.

La Touloubre sort du massif septentrional de Sainte-Victoire, se dirige à l'ouest et se jette dans l'étang de Berre. L'Arc, sorti du flanc nord de la chaîne de l'Olympe, arrose les plaines de Pourrières, des Milles, passe sous le magnifique aqueduc de Roquefavour, baigne Istres, et se perd aussi dans l'étang de Berre. L'Huveaune (55 kil.) descend du Plan d'Aups (à 711 m.), traverse la haute vallée de Saint-Zacharie et d'Auriol ; se frayant un étroit passage, elle va arroser Roquevaire, Aubagne, Saint-Marcel, Saint-Loup, et entre dans la mer sur la plage du Prado, au midi de Marseille, après avoir reçu plusieurs torrents : la Gastaude, la Vède grossie de la Coutronne et de l'Infernet, le Merlançon, le Fauge et Jarret.

De Marseille à Hyères la mer ne reçoit aucun cours d'eau important. Le Gapeau descend du versant méridional de la Sainte-Baume, passe à Signes, à la chartreuse de Montrieux, à Solliès-Pont, et après avoir reçu le Réal grossi du grand Valat, se jette au sud-est dans la rade d'Hyères. Cette rade reçoit aussi l'Argentière grossie du Ponsard, et le ruisseau de Bataille tombe dans la rade de Bormes. La Molle, issue d'une colline entre Collobrières et la chartreuse de la Verne, arrose la Molle, Cogolin et aboutit au golfe de Saint-Tropez. L'Argens prend sa source non loin de celle de l'Arc, à 274 mètres d'altitude, au logis de la Foux, près du château de Saint-Estève, et coule fortement encaissé, faisant de nombreux détours ; long de 95 kilom., navigable pendant 60, il arrose Châteauvert, Carcès, Vidauban, le Muy, Roquebrune, et reçoit à droite le Cauron, l'Issole, grossie du Carami descendu de Tourves et de Brignoles, l'Aille qui vient de Gonfaron ; à gauche : le Fovery passant près de Pontevès au pied du petit et du gros Bessillon (668 m. et 814 m.) et à Barjols, est grossi du ruisseau de Varèges ; le Bresc ou la Bresque, qui baigne Sillans, Salernes et Entrecasteaux ; la Florieille descendue du sommet de Fonfrège (865 m.) ; la Nartuby, sortie des Espiguières (1064 m.), et arrosant Ampus, Draguignan, Trans (belle cascade), la Motte et le Muy ; l'Endre sortie d'un massif au sud de Seillans et grossie des ruisseaux de Méaux, du vallon de Saint-Pons ; enfin, l'Argens se glisse dans le golfe de Fréjus. Au sud de Grasse coule la Siagne, qui va se perdre dans le golfe de Napoule près de Cannes. Le Var, descendu du mont Lerres ou Camelcone, n'est qu'un torrent de 114 kil., qui arrose Entrevaux, Puget-Théniers, reçoit la Roudoule, la Vésubie, l'Esteron, et passe entre Vence et Nice avant d'atteindre le littoral.

A la limite occidentale, le Rhône, qui sépare la Provence du Languedoc, se divise en deux branches en amont d'Arles, embrasse l'île de la Camargue, dont la surface est de 75,000 hectares, et entre dans le golfe du Lion par trois branches principales : Rhône mort, petit Rhône et grand Rhône. Le grand Rhône, à gauche en descendant, le petit Rhône à droite, se divisent eux-mêmes, près de leurs embouchures, en d'autres bras secondaires presque complètement obstrués, et l'île de la Camargue est ainsi sillonnée par d'anciens lits du fleuve qu'on désigne sous le nom de vieux Rhône et de Rhône morts et qui témoignent des variations qu'a subies le cours du fleuve à diverses époques peu éloignées de nous. A l'embouchure du grand Rhône (branche Massaliotique, la plus rapprochée de la ville-mère *Massalia*), entre le phare de Faraman et le golfe de Fos, le fleuve verse annuellement à la mer dix-sept millions de mètres cubes de sédiments, formant ainsi une énorme barre qui se déplace souvent et menace de combler un jour le golfe de Fos jusqu'au cap Couronne. Pour éviter la barre, on pénètre dans le grand Rhône par le canal de Saint-Louis. Ce canal, à peine achevé, qui relie le Rhône à l'anse du Repos, débouche dans le golfe de Fos ; c'est de là aussi que partait le canal dit Fosses Mariennes (*Fossæ Marianæ*), que Marius avait creusé et dont il fit don aux Marseillais. Le fleuve est jusqu'ici de peu d'utilité pour les relations commerciales ; heureusement il existe en Provence un fleuve autrement précieux que le Rhône, c'est la mer.

Après les montagnes et les cours d'eau, la forme des côtes de la Provence offre aussi une étude pleine d'intérêt. Le rivage maritime, d'abord sablonneux et marécageux, avec de nombreux étangs, séjour des fièvres paludéennes, se développe à l'ouest, des Saintes-Maries à l'entrée de l'étang de Caronte ; bientôt modelé en falaises, presque partout fouillées, rongées, entamées par les vagues. Au sud du port de Bouc, de création presque récente, mais peut-être appelé à un brillant avenir, s'ouvre un canal naturel de cinq kilomètres de longueur, d'une largeur moyenne d'un kilomètre, mais peu profond, qui fait communiquer la mer avec ce magnifique lac intérieur qu'on appelle l'étang de Berre, en passant par Martigues, *la Venise provençale*. De Bouc à Cassis la côte est de fer, n'offrant pas d'abris suffisants, sauf l'ancien Lacydon, le vieux port de Marseille où l'on arrive en longeant le cap Couronne, Sausset, Carri, le cap Méjean, la baie profonde de l'Estaque. Les spacieux bassins de la Joliette, avec leur immense jetée, leur forêt de navires, les docks, la nouvelle cathédrale de la Major, Notre-Dame-de-la-Garde, apparaissent successivement : c'est là qu'est assise en amphithéâtre la ville phocéenne, l'antique Massalia, sur ses cinq collines. Au bout de l'avenue du Prado, à l'embouchure de l'Huveaune, se déroule la baie de Montredon, dont les horizons éclatants de lumière et les molles sinuosités font rêver au golfe de Baïa. A la madrague de Montredon la côte redevient escarpée, rocheuse, inabordable, sauf dans les étroites calanques s'ouvrant entre les falaises menaçantes.

Les criques ou anses, plus ou moins découpées en forme d'arcs de cercle, aussi nombreuses que variées et pittoresques tout le long de la côte, du cap Croisette à l'embouchure de la Roya, sont, au sud de Marseille: Calelongue, du Podestat, Sormiou, Morgiou, Sujitton, En-Vau, Port-Pin, l'étrange fiord de Port-Mion, et plus à l'est, les baies d'Aton, de l'Arène, de Tamaris, de Bormes, de Cavalaire, d'Agay, du Trayas, Villefranche, St-Jean, etc. Entre deux criques d'une falaise, la mer, pénétrant dans les fissures du promontoire, le découpe en aiguilles ou pyramides, en piliers : Marsiho-Veyré, Morgiou, et entre St-Cyr et Bandol, etc. ; quelquefois la mer y creuse des arcades : Saut de Marro, Morgiou ; ou des grottes abordables seulement par mer. Quand les matériaux d'une falaise présentent du haut en bas la même compacité (chaîne de la Nerthe), l'escarpement a son pied peu encombré de matériaux, les blocs tombant en quelque sorte un à un et pouvant être rapidement débités par la vague. Mais si des formations meubles, argileuses (Saint-Cyr, cap Brun), constituent la partie supérieure d'une falaise, elles sont exposées à des glissements en masse qui accumulent tout d'un coup une grande quantité d'éboulis au pied de l'escarpement. La hauteur d'une falaise est généralement d'une dizaine de mètres et en atteint très rarement 150 ; en Provence elles sont bien moins hautes que sur les côtes normandes, sauf aux caps Sicié, Canaille. Il est facile de constater le long des falaises de la presqu'île de la Nerthe de grands bouleversements ; toute la côte a été soulevée par suite de l'énorme poussée venue de la dépression méditerranéenne ; et les couches relevées et disloquées sont très visibles.

Les conditions physiques changeaient : la paléontologie nous apprend que, « dans les âges primaires, la faune et la flore étaient à peu près les mêmes partout, et qu'il faisait beaucoup plus chaud dans le bassin de Paris, même au Spitzberg. » La dépression rhodanienne dut se former ; car, ainsi que le fait remarquer M. Depéret, les plis d'âge carboniférien, qu'on observe sur le bord du plateau central, s'infléchissent progressivement du nord-est au nord. De plus, les massifs calcaires qui se dressent au sud de la vallée du Rhône autour d'Avignon et d'Arles prouvent que les mers tertiaires ont eu à s'ouvrir un chemin à travers un massif disloqué. « En effet, les plis et les cassures abondent dans la Provence, où ces actions, antérieures aux dépôts oligocènes de la région, engendrent toute une série d'accidents dirigés en majorité de l'ouest à l'est ; beaucoup se peuvent encore observer ; ainsi, la montagne de Lure et le Mont-Ventoux, avec son arête dénudée et blanchâtre, longue de 20 kilomètres, la chaîne de Léberon longue de 40, avec ses gorges d'érosion de Lourmarin, celles de Sainte-Victoire, de la Sainte-Baume, de la Trévaresse ou des Côtes et des Alpilles, le Faron de Toulon, le Caoume, le Gros Cerveau, les monts de Vaucluse, etc., se dessinent nettement dans la topographie, grâce à la résistance des calcaires qui forment le fond. La plupart du temps on rapporte ces chaînons aux Alpes à titre de contreforts occidentaux ou petites Alpes de Provence ; mais c'est bien à tort, car ils en diffèrent à tous égards. On n'a qu'à remarquer la façon brusque dont ces plis, tous orientés de l'ouest à l'est, vont buter contre les plis à peu près nord-sud des Alpes occidentales. Cela tient à ce qu'il y a là rencontre de deux chaînes de montagnes d'âge différent, dont l'une, née en même temps que les Pyrénées, était à moitié rabotée quand la seconde est venue se jeter contre elle à angle droit. Parmi ces chaînes, la montagne de Lure mérite une mention spéciale, parce que c'est elle qui établit 'vraiment la séparation entre la topographie du Dauphiné et celle de la Drôme. Là, dit M. Kilian, le régime des vallées et des montagnes tourmentées de la Drôme fait brusquement place à un plateau, et c'est petit à petit qu'on passe des pâturages arides et élevés de Lure, parfumés de sauge, de thym, de sariette et de lavande, aux coteaux fertiles et aux campagnes riantes de la Provence ». On y distingue diverses catégories de dislocations, les unes antérieures, les autres postérieures au dépôt de la molasse miocène C'est précisément la rencontre de ces deux sortes d'accidents, les uns pyrénéens et les autres alpins, c'est-à-dire très postérieurs, qui engendre la complication toute particulière que présente la haute Provence entre Digne et Gap.

La cause qui a dirigé à l'est les anciens plis de la Provence est d'ailleurs facile à apercevoir dans le double petit massif des Maures et de l'Esterel aux contours arrondis et pleins de douceur (à N.-D. des Anges, Sauvette, Mt-Vinaigre, etc.), avec sa couverture de forêts d'arbres verts (châtaigniers, chênes-lièges, pins), et les belles injections de porphyre qui rendent son extrémité orientale si pittoresque. C'était évidemment le bord d'un noyau résistant, contre lequel se sont empilés les sédiments secondaires, refoulés à l'époque du soulèvement pyrénéen.

D'autre part (suivant M. A. de Lapparent), ces plis sont tranchés à l'ouest par la mer, produisant les remarquables accidents du rivage entre le cap Sicié et le cap Couronne. Au-delà, l'ancien delta de la Durance, marqué par les plaines cailouteuses de la Crau, et le delta du Rhône, avec les plaines de la Camargue, rendent difficile la poursuite des accidents. Mais si l'on prolonge à l'ouest l'alignement des chaînes de la région marseillaise, on s'assure qu'elles vont rejoindre, à travers le golfe du Lion, les Corbières et les Pyrénées.

Sur le flanc occidental de l'arc cristallin des Alpes maritimes, s'appuient les assises sédimentaires violemment redressées et disloquées, mais au milieu desquelles on voit encore apparaître par places, des noyaux archéens faisant saillie comme autant de dômes au milieu de boutonnières crevées par leur surrection. De là résulte un chapelet de hauts massifs cristallins, en forme d'amandes (d'où le nom de massifs *amygdaloïdes*), qui bordent à distance la chaîne principale, et dont la succession rappelle celle des nœuds et des ventres dans une corde de vibration Ce sont : le massif des Alpes maritimes ou du Mercantour, dont la cime est au pic de l'Argentière (2297 ᵐ); le massif de l'Oisans ou du Pelvoux, etc.

En résumé, sous le rapport du modelé par les agents externes, la Provence est une région d'évolution assez avancée : malgré leur régime fréquemment torrentiel, les cours d'eau sont stables, les reliefs nettement distincts. La faible importance des réseaux hydrographiques fait cependant entrevoir comme très éloignée la transformation de la région en pénéplaine.

Ainsi, sous le point de vue tectonique, les plis ont une structure bien spéciale, la structure amygdaloïde avec déversements périphériques fréquents ; ils présentent de nombreuses sinuosités. C'est la complication même de cette structure qui rend la topographie provençale si complexe.

Par tout ce qui précède, l'on doit convenir que la Provence est une région tourmentée et stérile, que le sol est insuffisant à nourrir les habitants, que les ressources agricoles sont fort au-dessous des besoins. Aussi, « en Provence toute la vie est au bord ». L'espace manque à la culture provençale, elle est à l'étroit entre les rochers des montagnes et les torrents capricieux et ravageurs des vallées. Heureusement le sol arable de la Provence est susceptible de recevoir une très grande extension par le desséchement des marais, et par l'organisation méthodique d'un vaste système d'atterrissements et de reboisements ; d'un autre côté, l'irrigation, qui sous le soleil du midi décuple souvent les produits du terrain, est bien loin d'avoir épuisé ses trésors, et l'emploi judicieux des eaux perdues qui descendent des Basses-Alpes et de leurs contreforts équivaudrait à la conquête d'une province. Peut-on contester que le climat exerce une action capitale sur la structure et la configuration du sol, sur la production et l'ensemble de la vie d'une région ?

Les principaux éléments du *climat* sont : la température, la pluie, l'humidité et le régime des vents. Malgré des caractères généraux communs, on peut distinguer les climats de la haute et de la basse Provence.

Le climat *méditerranéen* ou provençal comprend les parties basses de la Provence. C'est la zone méditerranéenne, aux altitudes variables de 0 à 200 et 300 mètres, qui offre le véritable caractère de ce climat dont on trouve l'analogue dans les zones maritimes de l'Italie, de la Grèce, des îles de la Méditerranée, etc. Dès qu'on dépasse 300 mètres dans l'Estérel, les Maures et les Alpes-Maritimes, on retombe dans des climats plus froids, semblables au climat rhodanien ; or, la moitié de la Provence est au-dessus de 500 mètres d'altitude.

Pour bien connaître tous les éléments du climat provençal avec les modifications dont il est l'objet suivant les localités, il faut consulter les observations météorologiques des stations du Ventoux, de Marseille, Toulon et Nice. A Marseille, le thermomètre descend parfois en hiver à — 7°. C'est à partir de Toulon et d'Hyères que les minima diminuent et que la culture de l'oranger, des fleurs et des primeurs d'hiver (artichauts, petits pois, salades, fraises, etc.) devient possible et avantageux. Il n'est pas de pays en France (même dans le Roussillon) plus agréable pendant les mois d'hiver, depuis le mois de décembre jusqu'à celui d'avril. On y jouit constamment, à cette époque de l'année, d'un beau temps et d'une douce température, tant le soleil inonde de chaleur et de lumière ce petit coin privilégié de la Provence. Les écarts sont considérables entre la température du jour et celle de la nuit. Les pluies abondantes à la fin de l'automne et au commencement du printemps, sont très rares en été. Il en résulte des sécheresses qui grillent les gazons et font mourir les herbacées, au moins toutes celles qui ne sont pas arrosables. Les arbustes et les arbres montrent une plus grande résistance. Le soleil d'hiver avec sa chaleur et sa lumière permet, dans la région d'Ollioules, d'Hyères, de Cannes, de Nice et de Menton, la culture des fleurs pour la France et l'étranger. A Cannes, à Grasse et presque partout, des champs de roses, de jasmins et de géraniums alimentent au printemps les grandes usines de France pour la fabrication des parfums ; à Bandol, c'est la culture de l'immortelle. Sur la route d'Antibes on respire la forte odeur du poivrier. L'olivier occupe encore plus d'espace que l'oranger ; à Cannes, à Grasse surtout ce sont des arbres de haute futaie ; sa longévité est incalculable aux environs de Grasse, d'Antibes et de Menton. On souffre, sous ce climat, du sirocco ou vent d'Afrique et du mistral ou vent du nord-ouest. Le premier, sec et brûlant, nuit à toutes les plantes cultivées ;

on le redoute à l'époque de la vendange. Le mistral est surtout redoutable en hiver par sa violence et sa basse température ; cet air glacial détruit les fleurs soumises directement à son action malfaisante ; en Camargue, dans la Crau, dans la campagne d'Arles, de Salon, on protège les cultures des atteintes du mistral par des haies de roseaux ou un rideau de cyprès. Aussi, pour les plantes comme pour les malades, on recherche particulièrement les endroits abrités du mistral, comme Hyères, Cannes, Nice, Menton. L'oranger, le citronnier, l'amandier, demeurent tout à fait improductifs. La vigne et l'olivier ne paraissent pas souffrir sensiblement de ce vent froid si nuisible à tant d'autres cultures.

Sous ce climat, il n'existe presque point de race d'animaux digne d'être mentionnée. On n'y voit guère que du bétail d'importation. Les boucheries s'alimentent de bœufs et de moutons italiens et algériens ; on vante avec raison les taureaux et les chevaux de la Camargue. Les forêts de l'Esterel offrent comme essences dominantes le pin d'Alep en sol calcaire, le pin maritime et le pin pignon sur les terres granitiques ou sur les dunes siliceuses des bords de la mer. Il s'y associe des chênes verts et quelques chênes-lièges, des châtaigniers. Dans la haute Provence, c'est le mélèze, le pin d'Alep, le pin noir d'Autriche, le chêne fayard, chêne blanc (truffier), l'ormeau, bouleau, saule, peuplier, sapin, etc.

En prenant deux points extrêmes, Seyne les Alpes et Marseille, l'on remarque presque constamment entre ces deux localités, une différence de température de 10 à 11°, en été, tandis qu'en hiver la différence diminue, 4 ou 5° au plus : ainsi le 11 novembre 1901, le thermomètre C étant à Seyne à 0°, marquait 1° 8 à 1 heure à Marseille ; le 21, 3° 5 à Seyne, et 13° 1 à Marseille. On a aussi observé pour cette dernière ville, que dans le courant de l'année, n'importe la saison, quelque mauvais que soit le temps, il est rare que le soleil ne se montre point quelques instants. Le climat provençal en général ne ment pas à sa réputation, il est chaud et sec ; il a néanmoins un peu changé depuis la création du canal de Marseille par l'illustre ingénieur de Montricher, voilà bientôt un demi siècle, et grâce aux nombreux canaux d'arrosage ; aussi les pluies sont devenues plus fréquentes.

Le climat de la *Côte d'azur* en général et de Nice en particulier est bien spécial. Suivant El. Reclus, « les montagnes qui abritent au nord le littoral de Nice et qui lui forment un si bel amphithéâtre de sommets, le garantissent aussi du climat extrême, âpre en hiver, brûlant en été ». La douce température de Nice, qui fait éclore tant de fleurs et qui donne une puissance de végétation si merveilleuse à des plantes difficiles à conserver dans les serres du nord de la France, profite également à l'homme et peut souvent lui rendre un renouveau de force. La chaleur moyenne de Nice est plus élevée que celle de Florence ; la température d'hiver y descend rarement au-dessous du point de glace, et même ne l'atteint pas dans quelques années exceptionnelles. Mais Nice a aussi ses désagréments de climat. Les vents y sont d'une extrême inconstance et parfois d'une violence insupportable. Et puis, Nice n'est pas toute la Provence, et le climat de la haute Provence se rapporte plutôt au rhodanien.

Nous voudrions aussi caractériser particulièrement le climat d'une célèbre montagne de Provence, très isolée, où parfois le vent souffle avec rage, si bien qu'elle en porte le nom, Ventosus, le Ventoux (*Ventour* dans le pays).

Tous les climats de l'Europe, depuis celui de la Provence et du nord de l'Italie jusqu'à celui de la Laponie, sont échelonnés sur les deux flancs du Ventoux, celui du nord plus froid, aussi seul porte-t-il des sapins ; à chacun de ces climats correspond nécessairement une flore différente, mais comparable à celle du climat analogue dans les plaines de l'Europe. On peut donc y étudier l'influence de l'altitude sur la végétation. Quoique très élevé (1912 m.), le sommet du Ventoux n'atteint pas la limite des neiges éternelles, qui sous cette latitude (44°10') est à 2.850 mètres au-dessus de la mer ; mais il est assez élevé pour que les plantes appartenant à la région alpine puissent y vivre et s'y propager. Et voilà pourquoi cet extrême coin de la Provence ressemble au Dauphiné dont le Ventoux semble être géologiquement la continuation.

Nous devons nous contenter de donner le résumé des deux longues séries d'observations thermométriques et barométriques, et le régime des vents d'après des observations scientifiques, depuis environ un siècle, d'abord de 1802 à 1829, puis des deux observatoires de Marseille, l'ancien et le nouveau, durant 78 années.

Un savant médecin d'Avignon, le docteur I. Guérin, donna, en 1829, les principales hauteurs barométriques de la haute Provence, mesurées en toises, et le nivellement barométrique de quelques rivières ; il rappelle une remarque de Saussure : « Je crois, disait l'illustre physicien, que l'on s'écartera très peu du résultat direct des observations, si l'on suppose que la chaleur moyenne, du moins en été et sous notre climat, décroît d'un degré de Réaumur pour chaque centaine de toises dont on s'élève au-dessus des plaines. En hiver, il faudrait s'élever de 150 toises pour trouver la différence d'un degré dans la température moyenne. »

Température moyenne d'Apt, au therm. C............... 13°,2
— des sources de la plaine de Noves....... 14°,3
— à la source de Montàga, à Flassans (Vaucluse). 13°,0
— des puits d'Avignon.................... 13°,0
— de la fontaine de Vaucluse............. 12°,0
— des puits d'Apt....................... 11°,5
— fontaine d'Angel sur le Ventoux .... 9°,0
— de Fontfiliole près du sommet, Ventoux. 5°,5

On voit, à quelques anomalies près, que la température des sources non thermales, dans la plaine ou sur les montagnes, se rapproche beaucoup de celle de l'atmosphère, aux hauteurs et dans les lieux d'où elles surgissent.

Voici les principaux résultats des tables thermométriques de I. Guérin, en 1829 :

1° La différence entre la température du jour et celle de la nuit est beaucoup plus grande dans les vallons que dans la plaine et sur les montagnes.

2° La plus grande de ces différences est au lever du soleil, et la moindre d'une heure à deux.

4° Plus les sommets sont élevés et isolés, moins y est grande la différence entre la température du jour et celle de la nuit.

5° Au milieu des Alpes, la température moyenne du fond des vallées décroit en général d'un degré centigrade par 130 toises d'élévation, tandis que celle des sommets ne décroît que d'un degré par 90 ou 95.

Tableau de la hauteur barométrique moyenne à Avignon, pour chaque mois, d'après dix ans d'observations, de 1802, à 1811 inclusivement, au baromètre métrique :

Janvier	760,7	millim.
Février	761,6	—
Mars	760,7	—
Avril........	760,0	—
Mai.........	761,6	—
Juin........	764,0	—
Juillet.......	762,2	—
Août........	763,4	—
Septembre ...	763,4	—
Octobre......	762,5	—
Novembre ...	761,1	—
Décembre....	760,4	—

Moyennes et totaux prises à l'observatoire de Marseille (alt. de 75 m.), pour une série de onze années, de 1889 à 1900 :

On constatait en 1889 que la moyenne des températures

— 35 —

annuelles, de 1823 à 1865, était de 14°,25 ; de 1866 à 1889, de 14°13 ; la moyenne générale de 67 années, de 14°,21. — Année météorologique 1888-1889 : 13°,78.

On voit, par ce tableau, combien est constante la température moyenne annuelle quand on la déduit d'une suite d'années un peu longue. (Bulletin météorologique de 1889, p. 75).

Maximum thermométrique absolu : La Ciotat, le 7 août 1889 : + 37°,6.
Minimum thermométrique absolu : Gréasque, le 25 fév. 1889 : — 10°,2.
Maximum barométrique absolu : Faraman, les 16, 17, 18, 19 et 21 nov. 1889 : 783 =/= 0.
Minimum barométrique absolu : Gréasque, le 9 avril 1889 : 711,3.

Dans le Bulletin annuel de la commission météorologique des Bouches-du-Rhône, publié depuis 1874, on voit, à l'année 1890 (9e année), le résumé comparatif de la température, de la pression barométrique, de l'état du ciel et de la force du vent, dans dix stations. Nous donnons le résumé pour Marseille, à 7 h. du matin ; alt. 75 m. :

MOIS	Moyenne des maxima	Moyenne des minima	Moyenne générale	Pression barométrique à zéro	État du ciel	Force du vent	MÊMES OBSERVATIONS faites à :
Déc. 1889 .	10,0	0,0	5 0	758,2	5	0,6	Arles, altitude : 15 mètres
Janv. 1890.	11,1	4,1	9,2	758,5	4	1,1	Gréasque » 322 »
Février »	13.3	1,6	7,4	755.6	5	1,3	La Ciotat » 2 »
Mars »	16,1	3,3	9,7	751,4	4	1,2	Port de Bouc » 2 »
Avril »	18,3	6,6	12,4	749,3	6	1.7	Manier » 4 »
Mai »	22,4	10,4	16,4	750.7	5	0,9	Faraman » 6 »
Juin »	25,7	12,6	19,1	755,2	3	1,3	(au baromètre anéroïde)
Juillet »	26,2	13,8	20,0	751,2	3	1,1	Réaltort, alt : 161 mètres
Août »	27.5	15,1	21,3	753,5	3	1,0	id.
Sept. »	24,1	11.5	17,8	757.7	4	1,0	Salon » 71 »
Octobre »	18,9	6.7	12,8	757.1	4	0,9	St-Chamas » 4 »
Nov. »	14,3	3,4	8,8	752,3	4	1,2	
Hiver . . .	12,5	1.9	7,2	757,4	5	1,0	*État du ciel :*
Printemps	18,9	6,7	12,8	750,5	5	1,3	0 serein / 10 complètement couvert
Été	26,5	13,8	20,1	754,3	3	1,10	—
Automne .	19,1	7,2	13,1	755.7	4	1,0	*Force du vent :*
Année. . .	19,2	7,4	13,3	754,5	4	1,1	0 nul 4 fort / 1 faible 5 très fort / 2 modéré 6 violent / 3 assez fort 7 ouragan

Maximum thermométrique absolu : La Ciotat, le 2 août 1890 : + 35°8.
Minimum thermométrique absolu : Gréasque, le 3 mars 1890 : — 13°2.
Maximum barométrique absolu : Faraman, le 7 janvier 1890 : 785=/=5.
Minimum barométrique absolu : Gréasque, le 20 février 1890 : 716,8.

Moyennes prises en 1891 pour une série de onze années

Baromètre réduit à zéro et au niveau de la mer : 760,32.
Thermomètre sec : 11,56 ; mouillé : 9,47.
État hygrométrique : 75,0.
Températures extrêmes, maxima : 16° 25 : minima : 6° 65.
État du ciel : 5,2.
Pluie en 24 heures : 27m/m,7.

Résumé comparatif de la température, de la pression barométrique, etc.,
dans dix stations, en 1891 :

Maximum thermométrique absolu : Port de Bouc, le 16 août 1891 :
+ 31°7.
Minimum thermométrique absolu : Gréasque, le 19 janvier 1891 :
— 17°5.
Maximum barométrique absolu : Faraman, le 3 février 1891 : 783m/m,0.
Minimum barométrique absolu : Gréasque, le 21 mars 1891 : 722,6.

Températures moyennes annuelles :

Moyenne générale de 69 années,1823 à 1891   14°20
Année météorologique 1890-1891. . . . .   13°60
Moyenne des maximums absolus. . . . . .   32°88
Année météorologique 1890-1891 . . . . .   32 6,.le 1er juillet 1891
Moyenne des minimums absolus. . . . . .   — 5°93
Année météorologique, 1890-1891 . . . .   —9°8,le 18 janvier 1891

Résumé comparatif de la température, de la pression barométrique, etc.,
en 1892 :

Maximum thermométrique absolu : Réaltort. le 8 juillet 1892 : + 37°4.
Minimum thermométrique absolu : Gréasque, le 18 fév. 1892 : — 8°5.
Maximum barométrique absolu : Faraman, le 22 décembre 1891 : 781m5.
Minimum barométrique absolu : Gréasque, le 15 janvier 1892 : 715,0.

Résumé comparatif de la température, de la pression barométrique, etc.,
en 1893 :

Maximum thermométrique absolu : La Ciotat, les 19, 20 et 21 août 1893:
+37°5.
Minimum thermométrique absolu : Réaltort, le 17 janvier 1893 : — 13°8.
Maximum barométrique absolu : Faraman, le 6 février 1893 : 780m/m1.
Minimum barométrique absolu : Gréasque, le 20 nov. 1893 : 716m/m7.

Résumé comparatif de la température, de la pression barométrique, etc.,
en 1894 :

Maximum thermométrique absolu: Gréasque, le 30 août 1894 : +37°2.
Minimum thermométrique absolu: Réaltort, le 1er janvier 1894 : — 10°2.
Maximum barométrique absolu: Faraman, le 16 déc. 1893 : 782m/m0.
Minimum barométrique absolu: Gréasque, le 21 avril 1894 : 721m/m0.

Résumé comparatif de la température, etc., en 1895, dans 10 stations :
Maximum thermométrique absolu : La Ciotat, le 17 août 1895 : +38°0.
Minimum thermométrique absolu: Réaltort, le 12 janvier 1895 : — 11°7.
Maximum barométrique absolu : Port de Bouc, le 21 sept. 1895 : 773m/m0.
Minimum barométrique absolu: Gréasque, le 7 janvier 1895 : 715m/m2.

Résumé comparatif de la température de l'année 1896, dans 10 stations :
Maximum thermométrique absolu : Gréasque et Giraud, le 13 juillet 1896 : +37°5.
Minimum thermométrique absolu : Réaltort, le 11 janv. 1896 : — 11°3.

Résumé comparatif de la température, etc., en 1897, dans 10 stations :
Maximum thermométrique absolu : Réaltort, le 25 et 29 juill. 1897 : +36°5.
Minimum thermométrique absolu : Gréasque, le 25 janvier 1897 : — 6°7.

Résumé comparatif de la température, de la pression barométrique, etc., en 1898 :
Maximum thermométrique absolu : Réaltort, le 25 juillet 1898 : +37°8.
Minimum thermométrique absolu : Réaltort, le 12 février 1898 : — 7°0.

Résumé comparatif de la température, etc., en 1899, dans 10 stations :
Maximum thermométrique absolu : Gréasque, le 22 juillet 1899 : +37°0.
Minimum thermométrique absolu : Gréasque, le 26 mars 1899 : — 8°7.

Résumé comparatif de la température, etc., en 1900 :
Maximum thermométrique absolu : Réaltort, le 28 juillet 1900 : +37°6.
Minimum thermométrique absolu : Gréasque et Réaltort, le 11 déc. 1900 : — 10°5.

La moyenne générale de la température de 78 années. . . . . 14°22
Pour l'ensemble des 35 dernières années . . . . 14°19
Année météorologique 1899-1900. . . . . 14°33

La température la plus élevée qui ait été constatée à Marseille, en 67 ans, de 1823 à 1889, a été de 37°7, et s'est produite le 15 juillet 1859 ; la température la plus basse a été de — 11°4, le 28 décembre 1829.

Les jours de pluie y sont moins fréquents que dans le climat rhodanien (environ 56 par an).

Pour une série de 11 années, 1880-91, moyenne en 24 heures : 27^m/^{m}7. Au mois de janvier 1898, la plus grande hauteur d'eau recueillie (exprimée en millimètres), est à Pourcieux (alt. 351 m.), de 130 ^{m}/^{m}. La plus grande pluie tombée en 1899, à la Sainte-Baume (alt. 650 m.), de 298 ^{m}/^{m}.

La moyenne de la force du vent pour l'année 1889 a été, à Marseille, de : 1,0 (faible) ; en 1896, de : 1,6 ; en 1898, de : 1,2 ; en 1899, de : 1,1 ; en 1900, de : 1,2.

Le mistral, ou vent du nord-ouest, rentre dans la catégorie de ces vents que M. Fournet a désignés sous le nom de *brises de montagnes* ; c'est un vent local propre aux vallées du Rhône et de la Durance, et qui rarement dépasse de beaucoup les côtes de la Provence. La génération du mistral, dit M. Ch. Martins, s'explique parfaitement par la configuration des côtes méditerranéennes de la Provence. Par suite des dépressions barométriques si fréquentes dans le golfe de Gênes, les courants venus du plateau central s'infléchissent vers le sud-est, et en passant sur le plateau central, ils s'y dessèchent et se refroidissent. « Gênée en outre dans son expansion, d'un côté par le massif des Alpes, de l'autre par les Cévennes, cette grande masse de gaz s'engouffre dans la vallée du Rhône avec une vitesse accélérée, s'écoule sur la Méditerranée en balayant notre littoral, de Narbonne jusqu'à Nice, et au-delà. Telle est la cause principale du vent du N.-O., sec et froid, qui porte, en Provence, le nom de mistral (*magistraou*). Quand il règne, l'atmosphère est presque toujours sèche et pure ; les vents d'Ouest et de Nord donnent aussi fort peu de pluie. Les vents du Sud, du Sud-Est et de l'Est nous arrivent au contraire chargés d'humidité et nous amènent des pluies abondantes, avec une température élevée.

D'après la liste des observations, la prédominance des vents N.-O. et d'O. ressort avec netteté. On pourrait être conduit à une appréciation tout à fait erronée si, pour estimer la fréquence relative des vents, on s'en tenait à une seule observation par jour, par exemple, de 7 heures du matin : c'est que sur les côtes soufflent, dans la journée, des brises régulières qui viennent de terre pendant la nuit et de la mer au milieu du jour.

En 1900, le mistral a soufflé :

En décembre...   3 fois ;
  » janvier.....   5 » (violent les 10 et 15) ;
  » février.....   3 » (violent le 21) ;
  » mars........   9 » (en tempête le 13, violent le 18);
  » avril.......   » » Les vents d'O. ou de N.-O. ont régné presque sans interruption; le 17, le mistral a soufflé avec violence ;
  » mai........   7 fois (fort le 30) ;
  » juin........   2 » (fort le 14) ;
  » juillet......   7 » (fort les 6, 7 et 8) ;
  » août.......   13 » (la plupart du temps assez fort ou fort) ;
  » septembre..   4 » ;
  » octobre.....   12 » (fort les 15, 23, 24, 25, 26, 27, 28, très fort le 21) ;
  » novembre...   4 fois (fort le 30).

A plusieurs reprises, les vents d'Est et de Sud-Est ont également régné avec une grande violence.

Quand on considère les observations de la journée, les huit vents doivent être classés, comme il suit, par ordre de fréquence :

N.-O......	105	avec la vitesse moyenne	2.4.
O.........	62	»	1.4.
E.........	54	»	0.6.
S.-O......	37	»	1.3.
S.-E......	35	»	1.1.
S.........	17	»	1.7.
N.........	7	»	1.5.
Nul :......	3	»	1.6.

En somme le climat est doux, mais très variable, et « la Provence serait le plus beau pays du monde si elle n'avait pas le mistral ». Le vent mistral est violent, véhément ; vous savez comme en parle J. Michelet, qui revint souvent dans ce pays et voulut y mourir : « Ce vent éternel qui enterre dans le sable les arbres du rivage, qui pousse les vaisseaux à la côte, n'est guère moins funeste sur terre que sur mer. Les coups de vent, brusques et subits, saisissent mortellement ». Le pays est soumis à des lois climatologiques inflexibles : froid ou chaud, humide ou sec, fertile ou stérile, suivant ses différentes positions.

En dehors de l'action des vents, de l'influence du climat et des mouvements du terrain, il y a eu et il y a encore d'autres causes de modifications de l'écorce terrestre, qui lui impriment un modelé spécial. Le relief du sol diminue ou se transforme sans cesse par suite de l'ablation ou érosion de la terre ferme. L'érosion causée par les agents atmosphériques a fait perdre aux montagnes beaucoup de leur hauteur. Aussi les chaînes les plus anciennes sont-elles aujourd'hui bien moins élevées, bien moins importantes que les chaînes les plus jeunes. Celles-ci remontent seulement au tertiaire. Le dernier mouvement considérable des Alpes date du miocène.

Cette destruction lente, mais continue, se fait sous diverses influences purement externes : pesanteur, influence météorique, érosion, actions marines, des eaux courantes, glaciaire éolienne ou du vent, enfin souterraine. Comme l'a fort bien démontré récemment un alpiniste de nos amis, M. Fr. Arnaud : « Il est maintenant admis que les Alpes, à la fin de leur soulèvement au début de l'époque pliocène, avaient une hauteur supérieure à celle d'aujourd'hui. On est arrivé à cette conclusion en reconstituant par la pensée la masse des matériaux, blocs, graviers, troubles, entraînés par les cours d'eau, déposés dans les plaines, deltas ou au fond des mers et en les remontant à leur place primitive ». Il en conclut que nos Alpes dauphinoises ou provençales ont été érodées et creusées par les innombrables torrents, surtout par la Durance, au point de porter sans trop d'arbitraire, à 2000 m. d'altitude, à l'époque pliocène, le confluent de la Durance et de la Clarée, « soit à 658 m. au-dessus du confluent actuel ».

Parmi les causes les plus puissantes d'érosion il faut compter les météores, le dégel, les eaux courantes surtout qui tout d'abord ont façonné les vallées, gorges et ravins et toutes les autres dépressions des saillies terrestres. Ces courants d'eau dépassent certainement en ancienneté les montagnes qu'ils traversent. Les eaux exercent sur les roches un travail constant d'érosion, et c'est ainsi que, pendant la durée des siècles, le flot mobile scie des chaînes de montagnes entières, sans avoir sensiblement modifié son premier niveau. (A. Heim).

Le dessin des vallées présente en maints endroits une succession de lignes en zigzag ou en crémaillère, que l'on ne peut confondre avec les souples contours des rivières qui serpentent dans les terres alluviales. On y rencontre souvent des cassures, des ruptures. Souvent, comme au passage du haut et du bas Valais, à Martigny, un simple coude suffit pour que le Rhône change de val (Daubrée). Quel que soit l'aspect du sol, après les ploiements et les craquements des roches, la formation des vallées est due à l'érosion causée par les neiges, les glaces, les pluies, les eaux courantes qui les ont creusées, sculptées, élargies, en fouillant les roches de la montagne. Il est facile de constater ces phénomènes dans les régions où les vallées sont situées entre des parois composées de strates régulières et correspondant exactement les unes aux autres (clus de Barles, Durance supérieure, cours du Var). D'ailleurs ces échancrures des monts ne se creusent-elles pas tous les jours sous nos yeux? Les clus sont nombreuses dans une région aussi tourmentée que la Provence et ne sont pas un des moindres attraits du paysage provençal. Ces vallées se rencontrent près de Marseille, au vallon du Regage, au massif d'Allauch, au mont Carpiagne, au vallon de Gémenos et de St-Pons ; les touristes vont admirer la sauvage gorge du Régalon près de Lourmarin (Léberon), le frais vallon de St-Barthélemy près de Salernes, etc. Certaines vallées transversales interrompent brusquement les chaînes et les coupent en deux, pour ainsi dire: telle la vallée de l'Aiguebrun au centre du Léberon, la coupure de la Bresque à Entrecasteaux. Les différences dans la forme des vallées s'expliquent par la nature des roches que les eaux ont eu à creuser.

Les étroites coupures qui font communiquer bassin à bassin et dans lesquelles se précipitent les eaux torrentielles, portent le nom de *clues* (1) dans nos Alpes de Provence : clus d'Auzet, de

(1) Cf. Cluses du Jura.

Barles ; mais dans ces contrées elles ne se bornent pas à couper de simples barrières de rochers, elles transpercent jusqu'à des chaînons de montagnes (clus de St-Clément, gorges du Verdon). Les bassins du Var et des cours d'eau voisins sont très riches en défilés de ce genre, énormes entailles pratiquées à travers l'épaisseur des remparts calcaires : gorges de la Mescla, de Lourmarin, du Rabious ou de la Blanche. Parmi ces clus il en est de vraiment formidables, celles du Loup entre Grasse et Nice, de Guillaume, de St-Auban, de l'Echaudan, et d'autres où passent les eaux du Var et de ses tributaires. Ce sont d'effrayants défilés : de chaque côté du torrent se dressent des rochers à pic ou surplombants, hauts de plusieurs centaines de mètres, et le plus souvent portant au sommet de leurs escarpements les murailles pittoresques de quelque ancien village. Ces clus étroites, où l'on n'a pu tracer qu'à grand'peine les routes et les sentiers (gorges du Loup, de Guillaumes, du Verdon en amont de La Palud, etc.), doivent être rangées parmi les spectacles les plus curieux de la France. Là vue de ces sombres passages, de ces " portes ", est d'autant plus saisissante qu'on y pénètre immédiatement après avoir parcouru les plaines fertiles du littoral méditerranéen, toutes parsemées de villas, de jardins et de bosquets d'oliviers.

Les cols ou échancrures de l'arête des montagnes sont, de même que les vallées, soit des traits primitifs produits par le plissement des couches soulevées, soit des sillons d'origine plus récente dus à l'action des météores et des éboulements (cols de Vars, de Provence, de la Pierre, des Têtes, du Labouret, du Fanget, de Camatte, de Bertagne, etc.). Suivant la variété des causes de formation, il y a entre les cols la plus grande différence d'aspect et aussi de nom. Un fait remarquable mis en lumière par M. Huber, est que les cols les plus profondément creusés d'un massif, débouchent précisément en face des cimes les plus élevées du massif opposé (cols de Larche, du Labouret). A quelle cause doit-on attribuer cette disposition générale des cols, que M. Huber désigne sous le nom de *loi des débouchés* ? On peut l'expliquer en grande partie par ce fait, que les massifs montagneux les plus élevés reposent d'ordinaire sur les piédestaux les plus larges et les plus solides : en conséquence, les torrents en contournent la base, tandis que sur le versant opposé, les phénomènes d'érosion deviennent plus actifs et les gazons se creusent de plus en plus dans l'épaisseur de la chaîne. Ces cols, ces vallées sont sans cesse creusés par les météores acharnés à la destruction des montagnes ; ils en minent les sommets, soit par des écroulements brusques, soit, d'ordinaire, par une érosion lente et continue.

On rencontre souvent dans les Basses-Alpes des eaux sauvages qui se réunissent en torrents. Ces cours d'eaux, aussi violents qu'éphémères, capables d'exercer sur les terrains qu'ils traversent des actions mécaniques d'une grande puissance, ont pour trait caractéristique la faculté de réunir en un seul flot toute l'eau tombée en un certain temps sur un espace assez étendu. L'eau courante y acquiert une vitesse de 12 mètres et plus par seconde, ce qui la rend capable d'effets mécaniques considérables contre lesquels on ne peut lutter qu'en brisant la pente par des barrages successifs. Les berges de ces torrents sont sujettes à de fréquents éboulements, qui prennent dans nos régions déboisées un caractère particulièrement désastreux.

Les torrents provençaux sont innombrables ; l'on peut même dire que tous les cours d'eau, fleuves et rivières, ont un régime torrentiel : Rhône, Var, Durance et Verdon, la Blanche et la Bléone, le Bès, le Buech, le Loup, la Tinée, la Vésubie, etc. ; sauf le premier, nul d'entre eux n'est navigable ni flottable, ils sont souvent nuisibles à l'agriculture. C'est que leur cours est à proximité de la mer : descendus de haut, ils arrivent rapidement à se perdre dans la Méditerranée. Il y aurait à étudier pour chacun d'eux le bassin de réception, le couloir ou mieux gorge qui lui sert de canal d'écoulement, les phénomènes d'affouillement, le cône de déjection et sa structure, l'influence de l'homme sur le régime des torrents. Contentons-nous de renvoyer aux ouvrages spéciaux : pour bien définir et étudier les torrents, il convient de s'appuyer sur les beaux travaux de MM. Surell et Cézanne.

La principale cause des dénudations et des ravinements produits par les torrents vient des défrichements (après la nature du sol), des ravages séculaires résultant du passage des troupeaux de moutons et de chèvres, non pas tant des troupeaux transhumants qui montent passer l'été sur les montagnes au 16 juin et qui n'en descendent qu'en automne vers le 16 ou 20 octobre, que des troupeaux indigènes ; car il est parfaitement démontré aujourd'hui que le transhumant est beaucoup moins destructeur de la montagne que l'indigène, « qui ne laisse en hiver aucun répit au moindre versant dégarni de neige et parcourt les différents étages de la montagne, suivant les saisons, dans les conditions les plus déplorables pour la stabilité du sol et la conservation de la végétation herbacée ».

M. P. Demontzey, conservateur des Forêts, écrivait déjà en juin 1881, en tête de son beau livre sur le reboisement : « La première impression que l'on éprouve en parcourant une contrée ravagée par les torrents, est une sorte de stupeur ou du moins de découragement qui vous pousse à mettre en doute la puissance de l'homme en face de pareils désastres ! » Viollet-le-Duc disait à son tour, le 2 avril 1879, dans un article sur le reboisement des montagnes, publié dans le *XIXe Siècle :* « Prévenir plutôt que réprimer. Tout l'aménagement des cours d'eau est renfermé dans ces quatre mots. Supposons toutes les rampes montagneuses garnies de forêts et gazonnées, il n'y aurait plus, à proprement parler, de torrents.... »

Le fléau du déboisement a sévi non seulement en Provence pendant des siècles, mais il a exercé et exerce encore ses ravages dans l'Europe entière ; ainsi nous lisions récemment dans une Revue du Midi la remarque suivante : « La Norvége se déboise d'une façon inquiétante par suite des attaques inconsidérées des marchands de bois de charpente et des fabricants de pâtes à papier. Une commission a été désignée par le gouvernement pour étudier la question et indiquer les mesures à prendre ». Déjà en 1846, l'illustre économiste A. Blanqui, membre de l'Institut, dans un rapport adressé à l'Académie des Sciences, qui l'avait chargé tout spécialement d'étudier la situation des Alpes françaises, faisait de la région qui compose le bassin de la Durance le navrant et saisissant tableau qui suit :

« L'observateur qui descend du Dauphiné vers la Provence, le long de la cime des Alpes, est arrêté à chaque pas par les anfractuosités bizarres et multiples que présentent les montagnes. On n'y trouve pas, sur une étendue de près de cent lieues, un seul cours d'eau navigable, un seul de ces grands bassins, tels que ceux de la Marne, de la Saône, qui vivifient des provinces entières. Les rivières des Alpes participent du caractère des torrents par leur pente rapide et par leur marche capricieuse sur un lit encombré de cailloux roulés, etc. Tels sont le Drac, la Durance, qui offrent les types divers de ces cours d'eau inconstants et perfides ».

Dans son rapport dressé en 1868, le conseiller d'Etat Chassaigne-Goyon décrit ainsi le pays : « Ce qui frappe tout d'abord quand on parcourt les parties montagneuses du département des Basses-Alpes, c'est l'aspect imposant, mais triste et désolé qu'elles présentent. A la place des grandes forêts ou des riches pâturages qui, suivant la tradition locale, les couvraient autrefois, elles ne montrent plus que des cimes dénudées, des pentes arides, où quelques broussailles retiennent encore le peu de terre végétale que les eaux n'ont pas entraînée, etc. »

Il est grand temps que les nations se ravisent ; mais quel remède employer ? le reboisement. Depuis plus de quarante ans chez nous la question a été étudiée et résolue et l'on applique avec succès le remède à nos montagnes.

Le projet du Code forestier présenté par M. de Martignac, en 1826, fut adopté en 1827. Au congrès de 1900, M. Cardot, inspecteur des forêts, s'exprimait en ces termes : « On est de plus en plus alarmé, en France, de la dégradation du sol des montagnes. Après des défrichements, des déboisements imprudents qui avaient pour objet d'étendre la zone des cultures et celle des pâturages, on s'aperçoit que ces cultures et ces pâturages souffrent d'une stérilisation progressive et deviennent de plus en plus impuissants à fournir des moyens d'existence aux populations des régions montagneuses. Celles-ci se dépeuplent, dans nos Alpes françaises, c'est un courant continu d'émigration vers les pays étrangers ».

Pour l'arrondissement très montagneux de Barcelonnette (20 communes ; — 111.193 hectares d'étendue), la population en 30 ans, de 1846 à 1876, a passé de 18.284 hab. à 14.704 ; tout le département des Basses-Alpes a passé en 30 ans de 166.675 hab. à 136.166 h., diminuant de 20.509 h., soit de 13 %. Le 29 mars 1896, selon l'Annuaire du bureau des longitudes de 1902, on n'y comptait plus que 118.142 habitants.

On s'aperçoit aussi, un peu partout, que le régime des cours d'eau s'est gravement altéré. Les ruisseaux sont devenus torrents. Nos rivières et nos fleuves s'ensablent, s'assèchent de plus en plus en été, deviennent de plus en plus impropres à la navigation ; leurs crues sont fréquentes, et les dégâts dus aux inondations vont en se multipliant et en s'aggravant. Le bois manque ; il ne s'agit plus seulement, à notre époque, de conserver les forêts, il faut reboiser, car la disette de bois est prochaine. C'est une œuvre de *colonisation intérieure* à créer. Si l'on passe aux régions montagneuses, l'intérêt du reboisement est surtout manifeste. « En dehors de la beauté grandiose et sauvage des sites alpins, les premiers faits qui fixent et retiennent l'attention du voyageur, dans nos Alpes méridionales, sont la pauvreté des habitants de la montagne et l'abandon progressif du pays par la partie la plus robuste de sa population ».

En proie, pendant de longs siècles, aux abus de la pâture libre qui dévastait tout, les forêts des Alpes ont disparu et nos montagnes présentent sur une notable partie de leur étendue le spectacle le plus navrant de la désolation et de la ruine. La faible couche d'humus qui recouvrait leurs versants a été presque partout entraînée par les déluges d'eau provenant des orages ou de la fonte des neiges et que les forêts ne retenaient plus ; maintenant, le roc s'y montre à nu. Les torrents se sont formés, déchirant de plus en plus profondément les parties tendres de la montagne ; leurs affouillements provoquent la chute de leurs berges, et des millions de mètres cubes de terre et de roches brisées sont entraînés dans la vallée. Ailleurs, les montagnes glissent ou s'effondrent.

Voilà près d'un siècle que la question du reboisement des montagnes a été soulevée. Le reboisement est devenu plus qu'une question régionale, mais une œuvre vraiment nationale. « La recherche et l'utilisation des chutes d'eau pour la production de l'énergie électrique, qui sont en ce moment l'objet de tant de convoitises, ont encore augmenté l'intérêt qui s'attache à la montagne ». Depuis l' « Etude sur les torrents des Hautes-Alpes », de l'ingénieur Surell, la question du reboisement de la région a cependant progressé. Une première loi fut votée le 28 juillet 1860, à titre d'essai, complétée par la loi du 4 avril 1882. On prit les mesures préventives ou d'encouragement, et les mesures afin « d'obtenir la suppression de la dégradation du sol et des dangers nés et actuels ». Mais les périmètres sont souvent limités aux berges des torrents et n'ont pas une ampleur suffisante pour que la forêt future puisse produire des effets certains et permanents. Le but poursuivi a été, non pas de supprimer, mais de refréner, adoucir et transformer en bienfaisante rivière, le *torrent*, « ce cours d'eau parfois intermittent, qui a pour caractère principal d'arracher des matériaux aux versants et de les déposer dans la plaine ; et, ce qui rend les crues des torrents redoutables, c'est leur puissance d'affouillement ». Il ne s'agit pas de régulariser le régime des cours d'eau par la création de forêts faisant éponge, servant à garder les eaux et à retenir les terres, on se propose de supprimer l'affouillement et de prévenir toute érosion pouvant donner lieu à la formation de nouveaux torrents. S'il s'agit des boues glaciaires, des marnes du lias ou des schistes lustrés du trias, dans nos Alpes ; des terrains de transport ou des schistes dévoniens, etc., le problème à résoudre est partout le même : le reboisement doit intervenir pour soustraire le terrain à l'action des agents destructeurs et en maintenir le relief. Pour les moindres ravins l'on se contente de les garnir de branches cachées au fond du lit et maintenues sur le sol par des piquets ; dans les torrents, on établit des barrages pour adoucir la pente, relever le lit, soutenir les berges et les empêcher de s'ébouler. Si l'on doit combattre les ravages d'un torrent ou d'une rivière torrentielle, afin de faire obstacle ou de briser la violence du courant, l'on a recours à divers moyens préservatifs, tels que barrages, contre-barrages, radiers construits à l'aval des grands barrages ; chevalets, barricades, digues, blocs de pierre, etc. A ces travaux de correction, qui sont d'un emploi fréquent pour la restauration de nos montagnes, l'Administration ajoute parfois d'autres travaux : revêtements de talus, dérivation d'eau, murettes contre les avalanches (plateau de Lachaux, Grande Montagne) ; et de plus, des travaux de délimitation, bornage et clôture des périmètres, surtout au bord des *drayes* réservées aux troupeaux transhumants (Bellevue, près de Seyne-les-Alpes), ouverture de chemins d'accès, construction de baraquements et de maisons forestières.

En parcourant la haute Provence, soit du côté de Digne, soit dans le Var, dans Vaucluse (Leberon, Ventoux), vers Luz la Croix-Haute, ou aux environs de Seyne (versant de la Blanche, Blayeul, col du Labouret, etc.), l'on est heureux de constater déjà sur une foule de points les progrès du reboisement. On est ravi, si l'on pénètre, à l'est de Seyne, au centre de ces magnifiques plantations, objet, depuis 1862, de merveilleux travaux et de soins assidus de la part de l'Administration forestière A cette époque, M. Demontzey, de l'Institut, d'abord en 1861 garde général, puis inspecteur général à Paris, imprima une grande activité au reboisement, qui s'étend aujourd'hui de la cabane de Lachaux, non loin du fort Saint-Vincent, au bois de Chantemerle et à la cascade du Faut, sur une longueur de treize kilomètres.

L'on est tout surpris de rencontrer des semis à plus de 2.100 mètres d'altitude, sur des flancs presque inabordables qui, de tous côtés, surplombent d'affreux précipices. On n'aperçoit aucun ouvrier, mais on ne peut s'empêcher d'admirer l'œuvre patiente, bienfaisante, qui, en arrêtant le ravinement, a reconquis à la contrée des milliers d'hectares d'un terrain considéré comme à jamais perdu. C'est une belle route (création de M. E. Carrière, actuellement conservateur à Aix), qui mène à la maison forestière de Bellevue, centre de ces plantations. Les principales essences sont, vers le haut, de petits mélèzes; puis, en descendant, ce sont : le mélèze et le pin cembro, le pin de montagne à crochets, le pin noir d'Autriche ; très peu de sapins, à cause de l'exposition méridionale ; tandis qu'ils foisonnent au Grand Puy, et qu'ailleurs sur le versant septentrional de Lure, les sapins abondent ; de même et pour la même cause, au versant nord du Ventoux.

En résumé, l'œuvre de la restauration de nos montagnes paraît avoir cause gagnée. La restauration complète de notre région n'est donc plus qu'une affaire de temps et d'argent ; assurément la prospérité de ces pays de montagne est entièrement liée à l'existence des massifs boisés. Dans ces régions où le fourrage constitue à peu près l'unique production agricole, l'eau est indispensable pour les irrigations. Or, il est démontré aujourd'hui que la forêt est le grand régulateur du régime des cours d'eau : c'est elle qui maintient la verdure et la fraîcheur dans les vallées du Dauphiné, et y a permis (Froges, Brignoud, Lancey, etc...) l'installation des nombreuses usines qu'on y rencontre ; sans parler des chutes d'eau pour la production de la force motrice électrique. Dans la Savoie et l'Isère, les chutes fournissent déjà pour 90.000 chevaux-vapeur ; il est pénible à constater que toutes les Alpes de Provence (Drôme, Hautes-Alpes, Basses-Alpes, Var et Alpes-Maritimes) ne figurent que pour un chiffre insignifiant. « Si, malgré le relief accentué de cette région, on n'y a pas trouvé de chutes utilisables, cela tient uniquement à l'irrégularité du débit des cours d'eau, qui, même dans la haute Provence, sont à sec pendant une grande partie de l'année, tandis qu'à d'autres moments ils roulent des volumes énormes d'eau mélangée de terre et de pierrailles. »

Pour en finir sur ce chapitre et afin de donner une idée des travaux accomplis dans ces dernières années, en fait de reboisement en Provence, nous donnerons l'état actuel des périmètres, choisis aux deux extrémités de la région, à Seyne-les-Alpes et à Puget-Théniers.

Forêts du canton de Seyne. — I. Forêts communales soumises au régime forestier : — Auzet, 101^{ha}, 62^a ; Barles, 176^h 57 ; Monclar, 121^h 21 ; Selonnet, 693^h 24 ; Seyne, 643^h ; Verdaches, 838^h 63 ; le Vernet, 261^h 31 ; total : 2.835^h 58. — II. Périmètres de restauration : 1º de la Blanche (la Grande Montagne) : série de Seyne, 1317,0912 ; série de Monclar, 136,6308 ; total : 1453^h, 7220. — 2º de Haute-Bléone : série du Vernet, 180, 1410 ; série de Verdaches, 26, 1163 = 206, 2573 ; — total : 1659^{ha}, 96^a, 93^c. — Forêts communales : 2835^{ha} 58 ; périmètres de reboisement : 1653^h, 9793. Total : 4.495^h, 5593.

Étendue des forêts dans l'arrondissement de Puget-Théniers. — Surface totale des forêts communales soumises au régime forestier : 21.672^h, 13 ares. — Surface totale des bois domaniaux. — Forêt domaniale de Clans : 381^h, 79^a ; de Touët-de-Beuil : 6^h, 87^a = 388^h 66. — Parties des forêts communales soumises au régime forestier, cédées à l'État pour le service du reboisement, mais déjà boisées : 231^h 12. Total des bois soumis au régime forestier, soit comme bois domaniaux, soit comme bois communaux : 22.291^h, 91 ares.

Nota. — Ne sont pas comprises : 1º les forêts communales non soumises au régime forestier, en général de très peu d'importance ; 2º les terrains domaniaux non boisés, cédés à l'État pour le service des reboisements.

Un terrain aussi accidenté que la Provence a dû influer sur les grands événements historiques comme sur le caractère des populations. Les Salyes, habitants des vallées abritées et d'un difficile accès, purent longtemps être oubliés, ou se défendre facilement contre les primitives invasions. La basse plaine du Languedoc, les vallées de la Durance, de l'Arc et de l'Argens donnèrent anciennement accès aux Ibères et aux Ligures, qui, subitement arrêtés par les crêtes menaçantes des Alpes, s'y fixèrent, et, s'y multipliant, restèrent les maîtres du pays. Si, après avoir franchi les Pyrénées, dans sa marche vers les Alpes et l'Italie, le héros carthaginois évita de se heurter à la Provincia Romana, c'est qu'il comprit qu'il eût été trop aisé de l'arrêter au cœur même d'une région semée d'obstacles, dans ces défilés rocheux, ces hautes vallées sans issue, qui paraissaient alors d'infranchissables barrières. Marseille, isolée du reste de la Gaule par une double chaîne parallèle courant de l'ouest à l'est, par des montagnes alors très boisées, par l'étang de Berre probablement alors plus enfoncé dans l'intérieur, vers le nord-est, était pour les armes romaines un point de départ incommode pour marcher à la conquête des Gaules. Aux environs de Marseille, les multiples accidents du sol pouvaient être utilisés pour la défense : le génie de C. Marius le comprit bien ainsi.

Vers 889, le pays étant tombé dans une extrême confusion, quelques pirates sarrasins sont jetés par la tempête dans le golfe de Grimaud ; ils s'abritent derrière l'épaisse forêt qui bordait alors le golfe, vont reconnaître au nord une chaîne de montagnes abruptes, et décident d'établir en ce lieu inaccessible leur principale station *Fraxinetum* (la Garde-Freinet). De là mer ils reçoivent de continuels secours, et la terre, bientôt ravagée et privée de défenseurs, leur livre passage vers les contrées du Nord. L'immense forêt qu'environnent les hauteurs et le golfe, leur assure une retraite au besoin ; sur les hauteurs voisines s'élèvent rapidement et châteaux et forteresses. Les navires redoutent l'approche de cette côte maudite, désolée et sans défense. Il fallut de bonne heure laisser aux rares habitants réfugiés sur les crêtes la liberté du travail nécessaire pour repeupler et défricher ce désert : de là sans doute la divison des propriétés, générale en ce pays. et qui fut d'ailleurs une conséquence de la nature des lieux. On voit sur les montagnes les ruines de bien des villages. Il a fallu presque un siècle pour déloger les Sarrasins de la montagne des Maures. Ce massif, forteresse naturelle, forme une sorte de presqu'île isolée, jusqu'à ces derniers temps respectée de la voie ferrée ; c'est la vallée de la Molle, entourée de montagnes circulaires qui l'enserrent presque jusqu'au bord du golfe ; partout des hauteurs boisées, de profonds défilés et sur la côte de hautes falaises escarpées ; ce que la Provence est en grand, ce massif l'est en petit ; l'on dirait une réduction. Sauf les provinces basques en Espagne, il est peu de pays qui offrent plus d'obstacles à l'invasion, ou dans lesquels les conquérants, une fois les maîtres, aient plus de facilité pour s'y maintenir à leur tour. Depuis que la France est constituée, il y a eu quatre invasions par la Provence, qui toutes quatre ont échoué. L'entassement irrégulier des chaines provençales, les bois de l'Estérel, les solitudes pierreuses de la Crau présentèrent aux armées envahissantes de Charles-Quint d'insurmontables obstacles Ses troupes affamées. repoussées, harcelées à chaque gorge, à chaque montagne, battirent en retraite, à demi anéanties sans avoir combattu. La nature du terrain entra pour moitié dans l'œuvre de résistance.

Le large massif de Provence, prolongement des Alpes et qui se déploie en éventail, semble opposer aux invasions un rempart aussi solide que les Pyrénées ; pour passer d'Italie en France ou de France en Italie. les armées ont souvent préféré aborder les Hautes-Alpes elles-mêmes, évitant de se heurter à l'inextricable labyrinthe situé plus au sud. En 1747, les Austro-Piémontais y firent peu de progrès et se décidèrent aussi à la retraite. Toutefois, ce qui peut être un avantage en des temps troublés devient un inconvénient quand la civilisation s'applique à créer partout des routes faciles, et l'on a vu le passage du mont Cenis devenir près de Marseille la principale voie d'échange entre la France et l'Italie, au grand détriment de la cité phocéenne. Il est temps qu'une ligne directe de Marseille à Turin, surmontant les obstacles des Basses-Alpes, relie bientôt ces deux grandes villes, afin de rétablir un peu l'équilibre rompu et ramener à la grande cité phocéenne le courant commercial que diverses causes semblent avoir un instant détourné.

Il nous semble naturel de dire aussi un mot sur l'ethnographie ou le caractère des populations de cette région. Il est de fait que les anciens Ligures durent subir de bonne heure l'influence du sol et du climat de la Provence ; est-il donc téméraire d'affirmer que les Ligures anciens et modernes ont pris, comme la flore et la faune, le caractère méditerranéen ? Sans aller jusqu'à tirer des principes susénoncés des conséquences extrêmes, et sans accepter les yeux fermés et dans toute sa rigueur la théorie de Montesquieu sur l'influence relative des climats et des milieux sur les costumes, les habitations, la manière de vivre, les mœurs et le caractère des peuples, cependant on ne saurait nier que les populations d'un pays ne peuvent se soustraire aux diverses influences du milieu qu'elles habitent. Le naturel breton ne reflète-t-il pas la dureté du granit du sol de la Bretagne et la mélancolie de ses landes ? le Gascon, la vivacité exubérante et la spirituelle pétulance de ses vins pétillants ? Comment le Provençal à son tour ne subirait-il point, quoi qu'il fasse, l'action réflexe du ciel bleu de la Provence, de ce ciel presque constamment splendide et pur, qui rappelle les climats tant vantés de la Grèce ou de l'Italie, de son joyeux et ardent soleil, de ce sol poudreux et sec, de ce vent capricieux et brutal, de ces roches marbrées, de ces enivrantes senteurs des collines, enfin de sa poétique mer? Tout cela n'est-il pas fait pour déterminer à la longue habitudes, usages, costume, caractère, langage même et tour d'imagination? Il faudrait être aveugle pour en douter. N'est-il pas vrai que le Provençal, même instruit, montre par ses gestes et ses exagérations dans les actes et le langage, une exubérance naturelle? et transporté sous d'autres cieux, se dépouillera-t-il aisément de ses habitudes natives et de l'accent du terroir? On reconnaîtra vite en lui non seulement l'homme du Midi, mais le Provençal. Un grand historien, Michelet a justement défini l'esprit provençal : « La littérature du Midi au XIIe et au XIIIe siècles, s'appelle la littérature provençale. On vit alors tout ce qu'il y a de subtil et de gracieux dans le génie de cette contrée. C'est le pays des beaux parleurs, passionnés (au moins pour la parole). et, quand ils veulent, artisans obstinés de langage ; ils ont donné Massillon, Mascaron, d'Urfé, Fléchier, Maury, les orateurs et les rhéteurs, Mirabeau et Thiers ». Est-il dès lors possible de nier que le sol et le climat exercent une réelle influence sur les mœurs et le caractère des habitants ? Certes le climat du pays y entre pour beaucoup.

La Provence est un pays de contrastes, de froid et violent mistral ou de température d'une infinie douceur, surprenant par ses changements brusques, ses paysages heurtés, par un ciel d'un bleu profond, presque italien, un implacable soleil, une poussière de craie blanche, pénétrante, envahissante comme le sable soulevé par le simoun du désert, des cimes désolées au profil africain, d'arides collines aux roches calcinées avec des tons marbrés de rose, au milieu desquelles tout à coup le voyageur charmé découvre quelque vallon aux recoins frais et mystérieux. Lorsque, après quelques mois d'absence, l'on rentre dans la lumineuse Provence, l'aspect de sécheresse et de désolante stérilité des collines, basses, fuyantes, vous saisit, et vous vous demandez quel charme inexplicable vous attire encore et vous retient en cette contrée. Les gens du Nord qui ont dû la quitter, se prennent souvent à regretter son ciel azuré et le gai soleil et les flots caressants de la *Grande bleue*, de cette mer chantée par le divin Homère et par notre poète provençal Autran. Cette contrée est semblable à bien des personnes qui gagnent à être connues ; on l'aime en bloc avec ses qualités et ses défauts notoires ; on y respire je ne sais quel air de liberté, on y sent circuler la vie et la santé : l'étranger, le malade s'y sentent revivre ; c'est au penchant de ses collines aux âpres arômes, sur ses heureux bords que l'on voudrait à jamais établir sa tente et qu'il serait doux de terminer ses jours. La Provence maritime surtout, avec sa *côte d'azur*, apparaît au touriste séduisante et privilégiée. Lorsqu'on a une fois franchi les poudreuses hauteurs de la Nerthe ou de la Viste, pour pénétrer dans l'enceinte du *terradou* marseillais, l'on est saisi d'un spectacle magnifique, l'on croirait faire son entrée dans une sorte d'Eden ; une ville quasi orientale semble surgir du milieu des flots, c'est la moderne Tyr, celle qu'un grand poète a appelée *la façade de la France sur la Méditerranée* ; et par-delà ses îles et ses promontoires où se pressent cabanons élégants et coquettes villas, au loin se déroule la baie de Montredon, dont les horizons éclatants de lumière et les molles sinuosités font rêver au golfe de Baïa. L'effet est saisissant et personne n'y échappe ; c'est ce qu'a vivement senti et dépeint un Provençal illustre entre tous, Thiers, dans un beau livre qui n'est pas assez lu.

Quoi d'étonnant que ce beau pays ait vu éclore de bonne heure nos premiers poètes, les troubadours, qui, promptement grisés aux chauds effluves de son vivifiant soleil et par la marmoréenne beauté des Provençales, ces nobles descendantes des filles de Phocée, ont puisé aux sources éternellement jeunes de l'inspiration, de la poésie et du rêve.

En résumé, la note qui semble le mieux caractériser le paysage du midi, n'est-ce pas l'enchantement résultant de la vive et joyeuse clarté ? Certes cela ne va point sans une certaine violence, sans éclat bruyant, sans brusquerie quelque peu grossière ; à tout prendre, cette nature n'est pas pour déplaire, et c'est du moins une nature originale. Et puis, si l'originalité des provinces a été l'orgueil de la France historique, est-ce que la Provence n'a pas été l'une des plus originales par son sol, son ciel, son passé, son parler et les mœurs de ses habitants ?

Chaque région du globe possède une faune et une flore déterminées, c'est-à-dire qu'elle est caractérisée par une certaine association d'espèces animales et d'espèces végétales. La distribution géographique des animaux et des végétaux dépend d'un grand nombre de facteurs. En première ligne viennent ceux qui caractérisent le climat, c'est-à-dire la latitude, l'altitude, la proximité ou l'éloignement de la mer. Souvent une chaîne de montagnes présente sur ses deux versants deux populations différentes. Il est évident aussi que des circonstances purement locales ont une grande importance ; un marécage a d'autres habitants qu'un désert, qu'une forêt ou une haute montagne : la flore du Mont Ventoux lui est spéciale et diffère beaucoup de celle des calanques de la Basse Provence, de même la flore de la Grande Montagne et celle de la Camar-

gue ou de la campagn.- de Nice ; car il y a en Provence autant
de flores que de climats. (1)

Après avoir montré le caractère généralement méditerranéen du climat de la région, l'on reconnaîtra facilement et
par voie de conséquence que la flore et la faune affectent un
caractère méditerranéen ; et, sans parler des espèces fossiles,
le caractère se maintient pour la faune actuelle.

Pour la flore (nous l'avons dit), plusieurs causes influent sur
la répartition géographique des êtres vivants : le sol, la chaleur, la latitude, etc. En général, la flore provençale est *spéciale* : c'est la région de l'olivier, de l'oranger, du citronnier,
de la lavande, du romarin, avec certaines espèces spéciales de
genévrier (*Juniperus phenicœa, Juniperus ambigua*), le géné-
vrier sabine, de nombreux cistes, la mélisse, les phyllirées
(*Phyllirea*), les jasminées, la ciguë, la sauge des prés, le safran
cultivé, le safran printanier, le safran changeant, la grar.de
gentiane et le myosotis des Alpes ; le pin d'Alep, pin sylvestre,
pin à crochets : flore éminemment méditerranéenne.

Comme faune, il faut citer les mollusques terrestres, avec
les *Zonites algirus*, les *Bulimus decollatus, Leucochroa candi-
dissima, Helix melanostoma*, etc... Diverses circonstances
influent aussi sur la distribution géographique des animaux.
Dans la région méditerranéenne, les mammifères sont assez
intéressants, de même les oiseaux, reptiles et poissons, insectes, crustacés, etc...

Avant de terminer ce trop rapide exposé et de conclure, reve-
nons sur quelques points que nous n'avons pu qu'indiquer dans
ce mémoire et qui mériteraient un plus long développement.

Sous les influences tectoniques, deux sortes de plis se sont
formés dans la région, des plis pyrénéens et des plis alpins :
aux premiers appartient la zone plissée partant des chaînes de
la Nerthe, de l'Étoile, de N.-D. des Anges, d'Allauch, de la
Sainte-Baume, formant la bordure méridionale du grand bassin
crétacé fluvio-lacustre de Fuveau ; le pli à ondulation transver-
sale, dirigé de Marseille à Saint-Julien, de l'ouest à l'est, puis au
nord-est par la vallée de l'Huveaune de Saint-Julien à Roquevaire, Auriol, Saint-Zacharie, Rians, Barjols, etc., marquant bien
le caractère méditerranéen de ce second pli (Suess). Le pli, parti
du massif des Maures, lequel massif est en partie pyrénéen, se

---

(1) « La diversité des circonstances extérieures détermine l'infinie
variété qu'on observe dans l'aspect du sol, ses productions, sa population d'êtres vivants. C'est ainsi que chaque région de la terre ferme
est caractérisée à la fois par le genre du paysage, la faune et la
flore. » (A. de Lapparent. *Notions générales sur l'écorce terrestre*, p.
39 ; Paris, Masson, avril 1902).

continue sous la mer à l'ouest du cap Croisette au sud de Marseille, va passer au sud de Narbonne et se rattache aux Pyrénées.

Si nous passons aux influences externes sur le modelé, nous remarquons : 1° les érosions marines, évidentes dans les nombreuses calanques, à la Pointe-Rouge et dans les iles du golfe de Marseille, Pomègue, Ratonneau, Plane, Maïre, etc. ; 2° les érosions par les eaux sauvages, par les torrents, par les eaux souterraines : les avens de la Grand Candel, la cuvette du Plan d'Aups, les Embuchs près de Cuges, formant peut-être le fleuve invisible qui apparaît à l'entrée de Port-Miou, les avens de Saint-Christol et de Lagarde, contribuant en majeure partie à la formation de la célèbre fontaine de Vaucluse, une autre source sous-marine près de Bandol, etc. ; 3° les érosions anciennes ayant formé des pénéplaines : calcaire à Hippurites, caractéristique des étages crétacés supérieurs de la région, et la mollasse ; 4° le caractère spécial des érosions actuelles.

Dans l'exposé de ce sujet, que nous n'avons certes pas épuisé et dont le développement nécessiterait un volume entier, si le temps et la place ne nous étaient limités, nous avons cru devoir appuyer plus particulièrement sur la géologie, la climatologie et le reboisement, questions qui semblent le mieux différencier cette province de ses voisines et des autres régions naturelles de la France.

En résumé l'on peut conclure que : *Au quadruple point de vue des facies géologiques, de la flore, de la faune et du climat, la Provence est une région nettement méditerranéenne.*

BIBLIOGRAPHIE

Ouvrages consultés :

Priem (Fernand). La Terre, la Mer et les Continents. 1892.

Haug (Emile). Les Chaînes subalpines (de Gap à Digne); thèse. Paris, 1891-1892.

Lapparent (A. de). Traité de Géologie. 1883.

    —   Leçons de Géographie physique. 1896.

    —   Le niveau de la Mer. Revue scientifique, 1er mars 1886.

Reclus (Elisée). La Terre, les Continents, I.

    —   La France, II.

Dieulafait (L.). Bulletin de la Soc. géol. de France; 2e série, XIX.

Suess (Ed.). Das Antlitz der Erde, trad. Margerie et M. Bertrand. 2 v.

    —   Entstehung der Alpen.

Saporta (de). Le Monde des plantes.

    —   Révision de la flore des gypses d'Aix.

    —   Revue des Deux-Mondes. 1881.

    (Cités dans: A. de Lapparent. Traité, 1883, p. 1682, etc.).

Baude (J.-J.). Revue des Deux-Mondes, 1847.

Bouvet. Bulletin de la Société météorologique, 1878.

Collot. Description géologique des environs d'Aix. 1880.

    —   Revue des sciences naturelles, 1881.

Fontannes. Etudes stratigraphiques, VI, 1880.

    —   Les terrains tertiaires de la région delphino-provençale. 1881, VII.

Bertrand (Marcel). Comptes-rendus, CXVIII : Lignes directrices des Alpes françaises. Diverses notes dans Bull. S. G. F. et notes de la carte géologique.

Kilian. Description géol. de la Montagne de Lure; thèse. 1889.

Levasseur (Emile). Cours de géographie physique.

Bottel (A.). Agriculture générale. 1 vol. Paris, 1891.

Surell et **Cézanne.** Etudes sur les torrents des Hautes-Alpes.

J.-D. Revue de géographie. Ch. Delagrave, 1878.

Marléton (Paul). La Terre provençale. 1 v. Alph. Lemerre, 1890.

Fournier (Eugène). Esquisse géologique des environs de Marseille. 1 br. 1890.

— Id. Etude stratigraphique sur les calanques.

— Id.   —   — le massif d'Allauch. 1895.

— Id   Le pli de la Ste Baume, etc. Boll S. G. F. (1896).

— Id. —   synthétique sur les zones plissées de la Basse-Provence. 1900.

Notes de M. E. Fournier. Besançon, 1902.

Cours de M. Gaston Vasseur. Marseille.

Vasseur (G.) et **Fournier** (E.). Preuves de l'extension sous-marine, au sud de Marseille, du massif ancien des Maures et de l'Estérel. Janvier 1896.

Demontzey (P.). Traité pratique du reboisement et du gazonnement des montagnes. 1 v. 1881.

Vaney. Revue de géographie, nov. 1901 : « Il faut reboiser ».

Bulletin de la Commission météorologique du département des Bouches-du-Rhône. 19 années. (M. Stéphan).

Guérin (Dr I.). Mesures barométriques, etc. Avignon, 1829.

Michelet (J.). Histoire de France, t. II.

Duruy (V.). Introduction à l'Histoire. 1 v.

Dr Repellin. Notes, Marseille, 1902.

Repellin. Paléogéographie de la Provence. — Réunion extr. de la Société de Géographie. Marseille, 1900.

Robin (Aug.) La Terre, Larousse, 1902.

PLAN ET TABLE DES MATIÈRES

                                                     Pages

1. Position de la question ; applications à la Provence ; division.   5
2. Généralités.   6
3. Géologie de la Provence.   7
4. Géologie de la vallée de la Brosque.   21
5. Géologie de la vallée de l'Huveaune   23
6. Hydrographie : Durance, Rhône, etc.   25
7. Le littoral méditerranéen, surtout provençal   27
8. Renversements, plissements, structure   29
9. Le climat : température, mesures barométriques, pluies, vents, le mistral.   31
10. Erosion de l'écorce terrestre : vallées, cols.   39
11. Les torrents ; causes : nature du sol, défrichements, etc.   41
12. Le reboisement   42
13. Rapports de la géographie physique avec l'histoire.   47
14. Ethnographie provençale.   49
15. La flore.   51
16. La faune.   52
17. Résumé.   52
18. Conclusion.   53
19. Bibliographie   54
20. Plan   56

GRANDE IMPRIMERIE DU CENTRE. — HERBIN, MONTLUÇON

www.ingramcontent.com/pod-product-compliance
Lightning Source LLC
Chambersburg PA
CBHW051150050726
47594CB00003B/1328